除污保洁一本通

编　　著　周范林
参编人员　周　浩　童　芹
　　　　　张　竞　童　琦
　　　　　张勇华　童　沁

东南大学出版社
·南京·

内容简介

为提高人们的生活品质，充分享受幸福美好的时光，减少因家庭清洁卫生和各种日用物品除污保洁方面带来的烦恼，本书详细地介绍了家庭日用物品除污保洁方面的实用知识。内容包括：衣物洗涤、衣物除迹、鞋帽保洁与去污、饰品藏品除污保洁、居室及家具保洁与去污、日用物品保洁与去污和厨房用品除污保洁等。内容全面、实用。相信人们对于家庭诸多去污除迹方面的问题，能在本书中找到较为理想的解决办法。

图书在版编目(CIP)数据

除污保洁一本通 / 周范林编著. — 南京 : 东南大学出版社，2014.1

ISBN 978-7-5641-4614-6

Ⅰ. ①除…　Ⅱ. ①周…　Ⅲ. ①去污—基本知识
Ⅳ. ①TS973.1

中国版本图书馆 CIP 数据核字(2013)第 259457 号

除污保洁一本通

出版发行	东南大学出版社
社　　址	南京市四牌楼 2 号(邮编:210096)
网　　址	http://www.seupress.com
出 版 人	江建中
责任编辑	史建农　戴坚敏
印　　刷	南京玉河印刷厂
开　　本	700mm×1000mm　1/16
印　　张	14.00
字　　数	269 千字
版　　次	2014 年 1 月第 1 版
印　　次	2014 年 1 月第 1 次印刷
书　　号	ISBN 978-7-5641-4616-6
定　　价	27.50 元

＊本社图书若有印装质量问题，请直接与营销部联系，电话:025—83791830。

除污保洁一本通

目 录

衣物洗涤篇

衣物除迹篇

鞋帽除污保洁篇

饰品藏品除污保洁篇

居室及家具除污保洁篇

日用物品除污保洁篇

厨房用品除污保洁篇

衣物洗涤篇

洗西装法

西装太脏，不宜干洗时，洗涤前应先在冷水中浸泡20分钟左右，用双手大把挤出水分，放入40℃左右的中性洗衣粉液（每件1汤匙）或皂片液中浸泡10分钟，切忌热水浸泡和用碱性强的肥皂。将衣服带水捞出，刷洗时要注意“三平一匀”（即洗衣板平、衣服铺平、洗刷抹平、用力均匀）。洗刷上衣的重点是翻领、前襟、下摆、口袋、袖口和两肩；西裤重点是裤腰、裤袋、前后裤片和裤脚。刷洗后把衣服放回洗涤液中拎涮几次，然后挤除洗涤液，用白醋25毫升加温水洗净，再用冷水漂洗。拉直理平各部位，挂在阴凉通风处晾干，切忌火烤或强日光暴晒。

干洗毛料服装法

干洗毛料服装时，先用毛刷刷去毛料服装上的灰尘，然后在油腻污垢处擦上汽油，除去污垢。干洗时，先用30%的汽油和70%的清水倒入盆中搅匀，把毛巾放在盆里浸湿再拧干，平铺在衣服上，用熨斗在其上均匀推压。一般连续熨烫3次以后，毛料服装就干净了。

用汽油刷洗毛织衣物应注意：汽油的用量不能过多，多了容易在衣物上留下痕迹；刷时不可用力太重太猛，以免损伤毛织衣物的纤维和颜色；刷洗时，汽油浸湿的面积要大些，否则汽油集中在一块浸刷，易使毛织衣物受到损伤或擦掉颜色；擦去油污后要用干毛巾或干布将汽油留下的痕迹轻轻擦干，不然，留存的油污会形成白色的圈印。

水洗毛料服装法

用水洗毛料服装时，可在 40 ℃的温水中加入适量的洗衣粉，将衣物放入水中浸泡 5 分钟左右(禁用高温的热水)，用双手轻轻揉 2～3 分钟，然后用清水漂洗干净(切忌用搓板搓洗，手洗也不可用力揉搓)。衣物出水后，用双手挤掉水，放在通风处阴干。纯毛衣物遇水会产生收缩现象，阴干后必须熨烫，熨烫平整后即可。

洗丝绸服装法

将洗净后的丝绸服装放入加有少许食糖的水中漂洗，然后取出晾干，这样洗出的丝绸服装会保持光泽；丝绸服装在高温下，丝的强度、拉力都会明显下降，故洗后应挂在阴凉处晾干，以免脆化；待丝绸服装快干时，取下放在熨衣板上，垫上衬布，用熨斗熨干。

洗涤黑色丝绸衣服时，最好用洗发香波或沐浴露，水温一般在 30 ℃左右为宜，不要用碱性洗涤剂。黑色衣服要随泡随洗，洗涤时动作要轻要快，以免掉色。先将黑色丝绸衣服漂洗干净，然后用浓茶水浸泡，或者用白术、冰糖溶液浸泡，都可使黑色真丝衣服不褪色。洗涤真丝衣服时用力不可过大，不能搓，洗完后不必拧干，宜带水晾在衣架上，在阴凉处阴干即可，不能在太阳下晒。

洗丝绸衣物宜用中性洗涤剂，用普通的肥皂会使衣物变黄。已经变黄了的丝绸衣物，可泡在干净的淘米水中，每天换一次水，两三天后黄色就可以褪掉。如用柠檬汁水洗，效果更佳。

为防止丝绸头巾掉色，可在最后一次漂洗的水中加几滴醋，然后将其晾干。

洗织锦缎服装法

织锦缎服装具有怕碱、怕高温等弱点，洗涤时要讲究方法。衣服上稍有污迹时，应及时用溶剂汽油或优质酒精，从污迹外围向中心轻轻擦洗，在通风处晾干，以免日久污垢渗入织物内部而损伤质地。衣服很脏时，也应尽量采用干洗法。洗涤方法是将木刨花浸泡后拿出，只留汁液，然后注入少许汽油、酒精，再用药棉蘸此液擦拭。或用酒精、汽油和松节油混合液揩去衣服上的污物。

洗嵌金银丝织物法

洗涤嵌金银丝织物，宜先在 30～40 ℃的合成洗衣粉或中性皂液中浸泡，浸透后用手轻轻翻动即可。洗后用清水漂净泡沫，捞出后不要拧，直接挂在衣架上，自然滴水晾干，这样可保证衣服上的金银丝熠熠闪光、华丽如初。

洗薄丝织衣物法

薄丝织衣物要用手洗，一是要轻，二是要快，水温不应超过 30 ℃。要用丝织品专用洗涤剂，或用中性优质洗涤剂，先对衣服的领口、袖口等脏污重点部位用软毛刷刷洗，然后把衣物放入洗涤液中，大把地轻轻揉搓，把整件衣服全部揉搓一遍之后，再用清水漂洗干净。

洗白色丝织衣物法

白色丝织物要用增白洗衣粉揉搓、洗涤，然后再用清水漂清。也可将芋艿去皮捣碎，煮成稀汁，冷却后作为洗涤剂来洗涤白色丝织物，均能保持衣物洁白。

在洗白色丝织物前用脱脂牛奶泡一下，或最后一次漂洗时在水中加两汤匙牛奶，可保持白色丝织物的本色，防止其变黄。

洗白色丝织物时，在水里加一点柠檬汁可使衣物更洁白。

洗黑色丝织衣物法

洗涤黑色丝织物时，忌用任何皂液或洗衣粉，一般穿一两天后，只要用清水大把漂洗即可。如果衣物实在太脏，可用洗过灰白丝绸衣物的皂液浸洗。注意：皂液中不应有皂渣，浸洗后须迅速漂清。

洗一般丝织衣物法

洗丝织物前，先在清水中浸泡 15 分钟，浅色的可多泡一会儿，深色的、印花的一定要少泡一会儿。要选中性洗涤剂或高级洗衣粉，用温水冲开稀释后将衣物浸入，然后用手轻轻揉搓，最后用清水漂洗干净。洗后，轻轻挤出水分，然后将衣物反面朝外用衣架挂起，放在阴凉通风处晾干。

漂洗丝织衣物法

在最后一次漂洗丝织衣物时，加少许醋或加一点白砂糖，搅匀后，把衣服放入浸泡 1 分钟左右，能使丝织衣物保持原有的光泽。

洗乔其纱衣物法

洗前，可将乔其纱衣物放入冷水或略温的水中浸泡一会儿，然后用肥皂洗涤，并用手轻轻搓洗。干净后用温水冲洗至水净为止，轻轻挤去多余的水，并将其卷在厚毛巾中，趁还潮湿时，用电熨斗将其熨平。

洗香云纱衣物法

香云纱衣物一般只需在清水中浸泡稍揉，汗迹和污迹即可去除；较脏的可在清水内放点洗涤剂，把衣服平铺在干净的桌上，用软毛刷轻轻刷洗几下就行。洗后带水晾在阴凉通风处。

洗白色衣服法

白色衣服在用洗衣粉或肥皂洗过后，要用清水进行漂洗，漂洗时在清水中放入几滴蓝墨水，这样漂洗过的衣服就显得洁白。

白色衣服如污垢较多，用萝卜汤洗可使其洁白如新。

洗涤白色衣服时，可将橘皮加水烧开，用那些黄色汤水浸泡、搓洗衣服，便可使衣物洁白如新。

白色衣服用淘米水漂洗一下，再用清水漂净晾干，可保持衣服的常新和清洁。

白色衬衣经过多次穿用、洗涤，容易发黄，如果经常用淘米水洗，就不易发黄了。

洗花色衣服保持鲜艳法

要使花色衣服洗涤后仍保持鲜艳，一个最简单易行的方法就是使用带有荧光增白剂的洗衣粉。由于荧光增白剂可增加被洗衣物的白度和亮度，所以，即使是花色衣服，洗涤后也会因紫外线转为可见光的补色作用而显得更加鲜艳夺目。洗涤高级衣料可在水中加少量明矾。

洗花色鲜艳的衣服时，可在最后一次冲洗时加入半杯牛奶或 1 勺奶粉，如此，洗后的衣服会格外鲜艳。

在温水中加入几滴花露水，搅拌均匀后放入洗净的衣服，10 分钟后捞出拧干，挂在阴凉通风处晾干，衣服的色彩也能保持鲜艳。

为了避免使毛织物洗后碱留在衣服上，可以在最后清洗毛织物的水中加入一些醋，使毛织物中的碱与醋中和，这样可使毛织物颜色鲜艳。

颜色鲜艳的衣服褪色后，如果用茶水来漂洗，可恢复其原来的色泽。

洗红色或紫色棉布衣物时，可在清水里加醋洗涤，就能使衣物颜色、光泽如初。

洗黄色衣服时，可在盐和小苏打水里煮 1 个小时，能使衣服颜色鲜艳。

洗长毛绒大衣法

洗长毛绒大衣时，要选用优质洗涤剂，温度在 30～40 ℃，水要多放一些，由于这类大衣较厚，吸水性强，水多可防止因挤压而使绒毛倒伏。长毛绒大衣的污垢主要是灰尘，洗涤的重点是里子，一般大衣的里子比较脏，尤其是浅色里子，如羽纱、美丽绸等，要精心刷洗，刷洗时用力要轻。漂洗时要用力攥挤，或者漂洗一次，甩干，再漂洗，再甩干，反复 2～3 次，直至漂洗干净，再进行甩干、蓬松、抻平，反面朝外挂在通风阴凉处晾干即可。

洗呢绒大衣法

将呢绒大衣平铺在桌上，用一条较厚的毛巾，在 45 ℃左右的温水中浸透，取出不要拧得太干，放在呢绒大衣上，用手或细棍进行反复拍打，使呢绒大衣上的尘土被吸附到毛巾上，然后洗涤毛巾，再盖在大衣上拍打，如此反复几次，即可把大衣上的尘土消除掉。

洗呢制服法

洗涤呢制服最好用软水，并且应选用碱性低的洗涤剂。洗时先在温水中将衣物浸湿，然后把水挤干，再浸入 40～50 ℃的溶有洗涤剂的水中 15 分钟左右，用手轻轻搓揉。在污物较多的领子、袖口处多搓揉几下，然后用 20～30 ℃的温水清洗 3 次，最后用手轻轻地挤干、拉平、摊晒晾干。

洗开司米长大衣法

洗高档开司米大衣时，可将洗涤剂溶于 30～40 ℃的温水中，用手大把揉洗，但用力不要太大，要均匀；浅色较脏的，可用软刷轻轻刷洗。揉洗完后，用双手将其从洗涤液中托出，不能拎出，轻轻挤出水分，不能拧绞。漂洗时要轻轻揉洗，捞出挤干水分后再放入醋酸水中。甩干时要叠平放入甩干桶，甩干后应立即挂起，防止变形。

水洗羽绒服法

将羽绒服放在 30 ℃左右温热的洗衣粉溶液(浓度不宜过高,一盆水中加入 2～3 汤匙洗衣粉)中浸泡 20 分钟,再用软毛刷刷洗。洗后用清水漂净(漂洗头一遍时,在水中加一小勺醋,可中和碱性的洗衣粉溶液)后,将羽绒服用干浴巾包卷后轻轻吸出水分,然后放在阴凉通风处晾干。待干后,用藤拍轻轻拍打,使羽绒服恢复自然蓬松状态。

干洗羽绒服法

干洗羽绒服时,可将羽绒服铺于桌上,用湿毛巾擦去灰尘,再用干净的白毛巾蘸上洁净的汽油,均匀而迅速地擦拭油污处,逐个部位擦净,再把衣服晾在阴凉通风处,待汽油挥发。

洗后的羽绒服上出现了白色皂痕,可用干净的棉丝蘸上工业酒精反复擦拭,最后用热毛巾擦一擦,皂痕就能除去。

洗尼龙登山服法

先把尼龙登山服较脏的地方用软刷蘸中性洗涤剂溶液刷一刷,然后放在冷水中浸泡 2～3 分钟,漂洗一下。把衣服再放入用不超过 35℃的温水冲开的洗涤剂溶液中浸泡 2～3 分钟。然后挤掉一些溶液,把衣服平铺在桌上用软刷顺着刷。刷完后再放到洗涤液中提拎几次。挤出大部分溶液后,放到温水中提拎漂洗干净。在洗涤过程中不能揉搓或在洗衣机中搅拌。之后平铺在桌上挤去水分,放在通风处基本阴干后,再用衣架挂在太阳下晾晒。干透后用手或藤拍轻轻拍打,以使服装的内部蓬松。

洗涤尼龙绸滑雪服法

用软刷蘸中性洗涤剂溶液在尼龙绸滑雪服较脏部位刷一遍,然后将滑雪服放在冷水中浸泡,使整件衣服都浸透后拎起挤去水分。把衣服再放入 35 ℃以下的洗涤剂溶液中浸泡几分钟,同时用力按压、翻动衣服。挤掉一些水分,将滑雪服平铺在桌上或平台上,用软刷顺着织物的纹路刷一遍。刷完后再放入洗涤液中提拎几次,将衣服洗干净。挤出溶液后,将衣服放入温水中提拎漂洗干净。在洗涤中不能揉搓,也不宜用洗衣机洗涤。漂净后将衣服平铺在桌上挤出水分,放在通风处阴干,再用衣架挂到太阳下晒。干透后用手或藤拍轻轻拍打,促使衣服的内部恢复蓬松柔软。

洗尼龙衫法

洗涤尼龙衫时，不要接触粗糙物，应在低温洗衣粉液内揉搓，洗涤时间要短。不要使用肥皂，切忌用搓板，洗涤或漂洗时不可拎刷。洗后用干浴巾将衣服包卷好，挤除水分后用衣架挂起，晾在阴凉通风处。也可以在洁净的桌面上铺好被单，将尼龙衫平铺在上面晾干。注意不要带水晾挂，以防衣服变形。

尼龙衣物很不容易褪色，但却很容易染色，因此，尼龙衣物必须和其他衣物分开洗，这样可防止尼龙衣物被染上其他颜色。

尼龙衬裙或其他尼龙衣物如果不小心染到其他衣服的颜色，可以用毛巾蘸酒精擦拭，效果很好。

洗羊毛衫法

用适当温度的水(一般 30 ℃左右)，视衣服大小，加入适量干洗剂和氨水，用水轻轻揉洗，使脏水溢出，对领口、袖口等易脏部位多捏、挤几次，用清水洗净后，用手挤出水分，不可拧，然后平放在通风处晾干，衣服会变得松软如新。羊毛衫洗净脱水后应放在通风处摊开晾干，不要吊挂或暴晒。

洗彩条羊毛衫防染色法

彩条羊毛衫如果洗涤不当，会引起颜色之间相互染色。将彩条羊毛衫叠成条形用清水浸湿，然后浸在 30 ℃中性洗涤液中 5～10 分钟。用手轻轻搓洗，再用清水漂洗干净，用干毛巾将羊毛衫包起，拧去一部分水，再摊开晾干。晾晒时宜用大号衣架，并将两袖铺平，分别搭在衣架的弯梁上，切忌在太阳下暴晒，以免互相染色。羊毛衫半干时，最好用 300～500 W 的电熨斗，在羊毛衫上盖一块湿布整熨一下，这样穿起来会平整如新。

洗羊毛衫防变形法

羊毛衫洗涤不当容易缩水。在洗涤前，先将洗衣粉倒入 30 ℃的温水中搅匀，再将羊毛衫浸泡 10 分钟，然后用手轻轻揉洗。清洗时要用温水，将洗衣粉完全冲洗干净，最后可利用洗衣机脱水 20～30 秒钟，脱水时间过长会使羊毛衫变形。

洗羊毛衫防变硬法 羊毛衫经水洗后，毛质易变硬。要使羊毛衫保持柔软，可在羊毛衫洗净后的最后一次漂洗时，在水里加1匙甘油，这样洗后的羊毛衫就柔软如故了。

洗羊毛衫防褪色法 碱对羊毛衫的损害很大，不但会伤害纤维，还会使羊毛衫因中和作用而褪色。如用中性洗涤剂洗羊毛衫就不会褪色了。取一盆已滤掉茶叶的凉茶水，将羊毛衫放入水中浸泡15分钟，再轻轻揉搓，取出后用温水漂净，可使羊毛衫洗得干净、不褪色。

洗羊绒衫法 将专用洗涤剂放入水中搅拌均匀，把羊绒衫浸泡15～30分钟，在重点脏污处及领口、袖口用浓度高的洗涤剂，采取揉搓的方法洗涤，其余部位轻轻拍揉。提花或多色羊绒衫不宜浸泡，不同颜色的羊绒衫也不宜一起洗涤。用30℃左右的清水漂洗干净后，可放入适量配套的柔软剂，手感将会更好。将洗后的羊绒衫内的水挤出，放入网兜在洗衣机的甩干桶中脱水。将脱水后的羊绒衫平铺在铺有毛巾被的桌子上，用尺量到原尺寸，用手整理成原形后阴干。阴干后可用温度为140℃左右的蒸汽熨斗熨平整，熨斗与羊绒衫要有0.5～1厘米的距离，切忌直接压在上面，如用其他熨斗必须垫湿毛巾。对粗纺羊绒衫来说，洗涤之前要仔细检查衣物，看上面是否有油污。若有油污，应用棉球蘸乙醚在上面轻擦。去除油污后，将羊绒衫放到温度不超过30℃并加有适量毛织物专用洗涤剂的水中清洗，脱水后放在铺着毛巾的平台上，用手整理至原形，阴干或用蒸汽熨斗熨平整即可，切忌悬挂暴晒。

洗羊剪绒衣物法 棕色的皮帽、皮领等剪绒，可用毛巾蘸温度为35℃左右的浓茶水来擦拭，擦完之后晾干。

用棉球蘸酒精反复擦洗毛皮脏污的部位，直到露出本色。然后用温度低于150℃的熨斗熨烫，使毛变直。操作时，熨的动作要快，不然会将毛压曲。

将酒精与氨水按1∶1的比例配制，然后擦洗羊剪绒衣物上的污迹，即可迅速将污迹去除，然后再用清水冲洗干净。

将5份食盐投入到50份水中，待食盐溶解后加入1份氨水调匀，再用毛刷蘸此溶液擦洗羊剪绒衣物上的污迹,然后用清水洗净。

洗兔毛衫法

洗兔毛衫可用溶剂汽油浸泡干洗,也可用皂片或较高级的中性洗涤剂进行水洗。洗后用温水漂洗 2~3 次,再放到放了醋的冷水中浸泡 1~2 分钟,取出装入网兜内挂起来,使其自然脱水。等到半干时,摊开放到桌上或用衣架挂起来放阴凉处晾干。

在洗涤、晾干过程中,兔毛衫极易走样变形。要防止变形,可采用一种可以调节的木质或金属质的兔毛衫框架晾晒;也可以在洗涤前,在包装纸上画下兔毛衫的轮廓,洗涤并吸去水分后,仔细将未干的兔毛衫对准纸上的轮廓晾干;还可以在兔毛衫晾干后,用蒸汽熨斗轻轻熨一遍,这样可以使衣服整旧如新。此外,将洗净的兔毛衫收藏在衣箱里,不可用衣架悬挂,否则会使兔毛衫变得又长又大。

洗拉绒衣物法

拉绒衣物一般以腈纶为主,如果洗涤不当,易使衣物变形走样。先将衣物放在冷水中浸泡,然后放入水温在 30 ℃左右的中性洗涤剂溶液中揉搓,对重点部位或污迹较严重处再用肥皂搓洗,最后用清水漂净。最好铺在平板上晾晒,至快干时,用毛刷将绒毛刷齐,然后挂在衣架上晾干。

纯毛拉绒围巾要用凉水洗,晾晒时还应按围巾原长度绑一个框架,把洗好的围巾用线勾缝在架上,使围巾平展开晒晾。干后再用手轻轻揉搓和刷绒,围巾就不会收缩而且松软如初。

干洗丝绒衣物法

可在干洗之前先用干净的软毛刷刷去丝绒表面的灰尘,再将衣服平铺在平整的台面上,用软刷蘸专用干洗剂顺着毛绒的方向轻刷,比较脏的部位可多刷洗几次。将衣服全部刷洗一遍,再用干毛巾把衣服的所有部位压一遍,以便把残存在衣服内的干洗剂尽量吸出,然后晾在阴凉通风处吹干即可。

水洗丝绒衣物法

先把丝绒衣服放在清水中漂去表面的浮尘,再放入泡好的洗涤剂溶液中大把大把地轻揉,不要长时间浸泡在洗涤液中,也不能用搓板或刷子洗涤,要快速地拎洗。丝绒织物在水中浸泡时间长了会褪色,还会损伤织物的纤维组织。漂洗干净后轻轻地挤压掉水分,不能拧绞。

使倒伏绒毛恢复原样法

衣领等处出现绒毛倒伏现象时,可烧一壶开水,把倒伏部分放在壶嘴上用蒸汽蒸,同时用软毛刷刷,绒毛会恢复原样。

把丝绒衣物吊在塑料浴罩里(大塑料口袋亦可),放一盆热水于浴罩下,让蒸汽透过纤维,丝绒的绒毛自然会恢复挺直。

晾晒丝绒衣物法

晾晒丝绒衣服时要轻轻地抻平衣领、门襟、肩缝、袖子和底边,在阴凉处吹干。若是镶边的丝绒服装,所有的镶边处都要抻平,动作要轻柔。

如果丝绒衣服上的绒毛被压倒了,可用酒精将绒毛润湿,放在蒸汽上蒸3~4分钟,然后趁热用稀而硬的毛刷逆着绒毛刷。若效果不明显,可多蒸几次,直到绒毛恢复原状为止。

洗平绒衣物法

平绒衣物上的尘土一般不需水洗,只要用软毛刷轻轻刷除即可。必须水洗时,可用淡肥皂水或合成洗衣粉(水温约30 ℃)浸泡10分钟左右,再用手轻揉轻搓。勿用洗衣板,洗后禁用拧绞法脱水。晾晒时,应把衣服纽扣扣好,正面朝外阴干。待干燥后,可用毛刷顺着绒毛方向轻刷,以使绒毛直立,美观如新。

洗灯芯绒衣物法

灯芯绒衣物宜揉洗,也可刷洗,但不可用硬刷子刷。洗涤温度应控制在40 ℃以下。刷洗时,不能横刷或逆刷,要顺其纹路刷;切不可在背面刷,以防止绒根断裂出现脱绒。不要与其他衣物一起洗涤或浸泡,因为沾上布毛不易除去。拧绞时要把绒毛面包裹在里面,用力不可过重,谨防绒面受损。晾晒前必须上下抖拉整理,免得干后收缩变形。衣物绒面若粘上糨糊、胶水及稀饭等污垢,可用清水擦拭,不要硬性除去,以防绒毛剥落。

洗法兰绒衣物法

将染上污迹的法兰绒衣物先浸泡在加有氨水和苏打的水溶液中，然后稍微揉搓几下污迹即可除去。

洗腈纶衣物法

腈纶衣物若只去灰尘污垢，可用肥皂或洗衣粉泡10分钟后再轻轻揉搓，然后用水冲洗干净。若有较多的油污，就应用汽油洗刷后再漂净。若有汗迹，则应用2%的氨水溶液浸泡10分钟，再用1%的草酸溶液清洗，然后再用肥皂洗。

腈纶衣物最好用中性洗涤剂，不可将衣服放在碱性强的溶液中洗涤。腈纶纤维因耐磨性不好，洗涤时不要强力揉搓，也不要用粗硬的刷子刷，要轻揉轻洗，以防止损坏织物或使织物表面起球。洗涤时不要随便拉拽，以免变形。晾晒时，不能带水挂晾，应平铺在板上晾晒，也可折叠后放入洗衣机中脱水，然后再晾晒，衣服很快就干，也不会变形。

洗涤纶衣物法

将涤纶衣物放在清水中浸泡一下，再在冷水或温水的洗衣粉溶液中揉洗，切勿用开水、高温的水浸洗，否则会使衣服变形起皱。洗衣粉也不宜放得过多，领子、袖口较脏处可用硬毛刷刷洗。衣服若沾上油迹，应马上用肥皂洗净，也可把裁衣服用的白色划粉的粉撒一些在油污处，等干后拍去，油迹便可去除。若沾染的时间较久，可在污迹的背面滴上几滴汽油，待油污溶解后再用肥皂洗。漂洗干净后拧干置阴凉通风处晾干，不可暴晒。

洗涤纶混纺织物时，应用冷水或不超过40 ℃的温水，特别脏处可用软刷轻刷，洗净后带水挂于通风处，不要用力拧绞，以免产生皱褶。

洗的确良衬衣法

洗的确良衬衣，既要考虑棉的部分，又要考虑涤纶部分，即棉织品经高温洗涤后出现的皱褶容易熨平，而涤纶织物经高温洗涤后出现的皱褶就不易熨平，所以洗涤纶织品的水温必须在50 ℃以下。洗的确良衬衣，特别是白色或浅色的，温度可以高一些，在40～50 ℃，用一般的洗涤剂即可。用洗衣机洗涤或搓洗、刷洗均可，倘若用洗衣机洗涤，对领子、袖口等重点部位还需再蘸些洗涤剂刷洗或搓洗。需要漂白的，可采用次氯酸钠、亚氯酸钠或双氧水漂白；漂白后用清水漂洗干净。也可甩干后再增白，即在洗衣盆内加5克增白剂，在40～50 ℃水温中浸泡10～

15 分钟，其间要翻动几次；甩干后晾在通风阴凉处，不能在烈日下暴晒。

洗丙纶混纺织物法

丙纶混纺织物的污垢较容易洗除，可用一般肥皂或洗衣粉，放在冷水或较低温度的水中漂洗，洗净后用手轻轻挤干水分，晾在通风处阴干。

洗维纶和氯纶混纺织物法

维纶和氯纶混纺织物要用冷水洗涤，洗时不要过分用力，以防纤维收缩、变硬和起球。

洗锦纶混纺织物法

洗涤锦纶混纺织物时一般用肥皂、洗衣粉，水温不能超过 50 ℃，可用软刷子轻刷。洗净后要用手将其拉挺，使其平整，然后晾在通风阴凉处。

洗毛涤衣物法

毛涤衣物可用水洗。要先用冷水泡透，再放入用温水冲好的洗衣粉溶液中浸泡 15～20 分钟，然后轻轻揉洗，不要用洗衣板搓和手拧。也可在肥皂和碱的溶液中浸泡 15 分钟，再用软毛刷子蘸此溶液轻刷数遍，然后用温水把衣服冲洗干净。洗好后，反面朝外晾在阴凉处，不要烘烤，以防褪色。

洗毛纺衣物法

洗毛纺衣服时，可按 1 000 毫升水加入 1～2 汤匙盐的比例，再加入洗衣粉溶化后揉洗，再按 10 升水加 5 汤匙醋的比例揉洗，最后用清水漂净。

洗合成纤维衣物法

合成纤维衣物（包括锦纶、涤纶、腈纶、维纶、氯纶、丙纶、氨纶）洗涤时要将深色和浅色分开，对双色的织物要随洗随晾，以免搭色。要用中性洗衣粉，加冷水或略温一点的水，注意不能用热水，以防变形。洗时双手轻揉轻搓，然后用清水漂净，带着水摊在木板上把水控净再晾，并注意避免阳光直晒，以保鲜艳。

洗人造纤维衣物法

人造纤维（包括人造棉布、粘棉布、富纤布、人造丝绸、线绨被面、毛粘华达呢、毛粘海军呢、毛粘花呢等）湿态时强力差，洗时不要用力搓擦，只能用手大把地轻轻搓洗，脏的地方可用洗衣粉或皂液轻刷，洗后勿用力拧，只可挤压。

洗麻布衣物法

洗涤麻布衣物前宜先进行去污处理。洗涤麻布衣物时，忌用硬刷和用力揉搓，以免布面起毛；使用肥皂洗后，必须用清水漂洗干净，否则留有皂碱会使织物变黄。洗后不可用力拧绞，染色、印花的麻布不要用热水浸泡，以免褪色。若想漂白，可用水浸湿织物放在日光下暴晒，反复多次后就能漂白。

麻纤维较硬，抱合力差，洗涤时应轻柔，切忌在搓板上强力搓揉，或用硬刷子刷，也不能用力拧，否则会使麻纤维滑移、起毛，影响外观和牢固度。

洗棉织品法

用温水浸泡半小时后涂上肥皂，或浸泡在洗衣粉溶液中，薄的织物用手轻轻搓洗，厚的织物要用软毛刷轻轻刷洗。搓洗后放置半小时再过清水。

棉织衣物的污垢，可用加有柠檬汁的水浸 1 小时，然后再用清水洗即可洁净如新。

洗棉布衣物防褪色法

棉布衣物耐碱性强，可用各种肥皂或洗涤剂洗涤。洗涤色布、花布和色织布，最好用冷水或温水浸洗，擦了肥皂宜立即洗净，不宜用沸水浸泡或堆置过久，以免褪色。洗涤过程中，要注意织物的组织特点，有些提花织物不宜用硬刷子强力刷洗，以免布面起毛；斜纹组织的卡其、华达呢、哔叽和斜纹布等，虽然可以刷洗，但刷时应放在搓板或桌子上，并顺着织纹刷洗，以保持色泽均匀，还不会使布面起毛。

将衣服放在温水中浸泡 1～2 小时，揉去灰尘，然后涂肥皂，薄的织物可用手轻搓；厚的织物用软刷子轻刷。特别要注意领口、袖口、下摆、裤脚等易脏的部位，用皂液搓洗后放置半小时再过水。如果是很脏的工作服，可放在热皂液中煮 1 小时左右，再放入冷水中漂清，可以更好地去除油污。有色衣服可在水中加半匙盐，能使衣服不易褪色。

洗一般棉衣法

先把脱下来的脏棉衣置太阳下晒 2～3 小时，用藤拍把棉衣上的灰尘拍打下来，再用毛刷将其刷净。同时用开水冲一盆肥皂加碱的洗涤液，把棉衣平铺在一块木板上，用刷子蘸洗涤液进行刷洗，较脏的地方要着重刷洗。刷后，用干净的布蘸水继续擦洗，把衣服上的洗涤液擦洗掉。注意：所用的清水必须见脏就换水，直到擦净为止。然后把衣服挂起来晒干，快干时，可用熨斗熨一下。如果发现衣内棉花有结块现象，可用藤拍轻轻拍打棉衣，使棉花松软。棉衣最好是拆洗，较脏的棉衣光靠刷洗不行，就只能用浸洗法了。将开水倒入盆内放些食用碱，溶化后再加进一些冷水，然后把棉衣整个浸入水中浸泡 2 小时以上。取出，在棉衣上涂些肥皂，依次用刷子将棉衣上的污垢刷净，再用净水漂洗。洗后，切勿用手拧绞，洗净后挤掉水分（不要拧干），可趁湿用白布包起来埋进草木灰里，过一夜再打开晒干。如此，棉衣内的棉花就不会结块，仍然较松软，不会降低其保暖防寒作用。

棉衣最好不要浸在水中洗，因为洗一次棉絮就变硬一次。所以只要将棉衣外罩和衬里的污垢擦洗掉，也可用肥皂水和小苏打水刷洗干净，再用清水漂 1～2 遍，然后晒干。

洗丝绵棉衣法

丝绵棉衣一般应拆后下水洗涤。干洗时只能在领子、袖口、袋口等处用小毛刷蘸少量汽油顺纹路刷洗。刷洗时用力不能太猛，刷后用干毛巾将沾有汽油的部位稍稍用力搓几下。为了防止出现汽油圈痕，可用小毛刷或小喷雾器扩大面积喷点汽油，用干毛巾立即擦几下，直到表面干燥。也可以将丝绵棉衣整件浸入汽油内（不要露出液面），双手依顺序轻轻揉搓。重点部位和较脏处用小毛刷顺纹路刷几下。15 分钟后取出，大把用力挤出汽油，用干的大浴巾包卷好衣服，用力地挤出剩余汽油。晾晒时用衣架挂好，放在室内通风处吹干。

洗驼毛棉衣法

洗驼毛棉衣前，先把驼毛棉衣拆开，取出驼毛。为了防止纤维流失，可把它放进纱布袋内，将袋口扎好，然后在清水中浸泡约 5 分钟，再放入洗涤液中，轻轻搅动十几分钟。最后用清水洗净，直至没有泡沫为止。洗净的驼毛连同纱布袋一起挤干水分，然后取出抖松散，这样就不会结块了。经过洗涤的驼毛能增强保暖性能。

洗腈纶棉衣法

洗腈纶棉衣时，先将洗衣粉25克溶于4升的水中，然后放入已用清水浸湿的腈纶棉衣，浸泡20分钟左右。然后，在搓板上用刷子将领口、袖口、帽子、胸前等特别脏的地方轻轻刷洗干净；其余不太脏的地方，在洗衣粉溶液中揉一揉。洗好后，用净水漂洗数遍将棉衣漂干净。最后，手提衣领自水中捞出，挤干水分或放在洗衣机的甩干桶内甩干(千万不可用手拧)，取出后抻平，用衣架挂在通风处晾干。若能在甩干桶内壁衬一层毛巾，甩干效果会更好，晾干后拍打松软即可。

洗绒布衣物法

绒布衣物洗过几次以后就会有些发硬，如果将绒布衣物放在加有氨水的水中(按每桶水加2汤匙氨水混合)泡20分钟取出，再用肥皂水洗净，在清水里漂洗几次，不用拧干就晾晒。这样处理后，绒布衣物在穿用时就不会出现发硬的现象。将绒毛的一面朝外，挂在阳光下晒干，再用手轻轻揉搓一下，使绒毛保持疏松柔软。

洗涤除白色以外的其他颜色的薄绒衣裤时，不应用开水或过热的水浸泡，也不要用有漂白作用的洗衣皂、洗衣粉洗涤，以防褪色。

洗花色绒衣法

红色或紫色的绒衣受到烟熏后，颜色常会变得灰暗，有时还会出现黑斑，这是染料遇到碳酸气后所起的变化。遇到这种情况，只要用碱水喷一遍，就能恢复原来的色泽。

洗棉毛衫裤法

棉毛衫裤除本色的以外，大多是用染料直接染色的，因此，洗时切忌把不同色的放在一起，不可长时间浸泡，以免造成严重的褪色、混色。水温应保持在30℃左右，以搓洗为宜。洗涤剂为每件棉毛衫裤约1汤匙，洗较脏处时可再擦上些肥皂搓揉几下，洗净后先用温水、后用清水连续漂洗数次，漂净为止。螺纹口要直向搓揉，不能横搓。晾晒时要里面朝外，不要在强烈的日光下暴晒，以防褪色。

洗内衣法

刚买来的新内衣应先洗一遍后再穿。洗衣服一定要“内外有别”，将内衣与外衣分开洗。胸罩不能放在洗衣机中洗，最好不要用肥皂粉浸泡，应用香皂搓洗。将中性洗涤剂倒入30～40℃的温水中搅匀，把内衣整理妥当，搭钩、拉链等先钩好拉上，然后平放在洗涤液中浸泡，搓洗后在清水中反复冲洗。洗净后，用挂毛巾的方式平挂在衣架上。只能挂在通风处阴干，不可直接暴晒。收藏时，应放在衣服上层以免挤压变形。

若是深色内衣，为避免褪色，第一次请先用手洗，需先将洗涤剂充分溶解后才可放入内衣。通常洗 3～5 分钟，然后漂洗。长时间脱水会破坏质料，所以若洗衣机可暂停的话，最好将内衣取出。手洗只要轻轻搓搓即可。

洗涤内衣时，加几滴花露水，可使内衣更洁净，还有一股清香味。

胸罩脏了应尽快清洗，时间愈长，污迹渗入质料纤维组织后更难清洗。口红或粉底色迹，可用酒精或挥发性溶剂去除，再用温度适中的洗剂稀液清洗；血迹，可在牙刷上沾少许洗剂稀液刷洗；汗迹，可用米汤水浸泡，稍微搓洗后冲净；果汁迹，可取少许面粉撒在污迹处，以清水搓洗即可。

洗胸罩防变形法

洗蕾丝、丝绸等材质的胸衣时，可在 30～40 ℃温水里放入洗衣香液，搅拌均匀。把胸罩浸入，用手揉洗，这样污垢就能充分地去除。再轻轻地挤压，然后注入与上步骤同样的温水。把胸罩折叠，轻轻地用手把水挤出，绝对不可绞拧。然后拿着胸罩中间，轻轻地摇晃沥干水分，如此不会伤到钢丝或布料。展开毛巾轻轻地挤压，再次把水分除去。晒干之前调整好形状是很重要的，不要伤及胸罩是重点之一。其次，把搭钩固定得像穿着时的形态，晒干后就不会变形。

装有钢托的胸罩适宜手洗，或用洗衣袋包着洗涤。用双手轻柔地洗，才不会把钢托给洗坏；而比较脏的部分，如肩带、罩杯部分，就用牙刷轻轻刷洗。冲洗干净后，再把罩杯叠在一起轻轻拧干，千万不要太用力，只要把水分稍微去掉就可以了。晾干时要两边平衡地夹着晾，这样胸罩才不会变形。

洗有罩杯的胸罩时，最好不要泡在洗衣粉或漂白剂中，也不要放入洗衣机内脱水，如此，罩杯才不会硬化或变形。

洗游泳衣法

穿用过的泳衣、泳裤，往往带有盐分，尤其是海水浴后，必须用清水漂洗干净，如不注意，很容易霉烂腐蚀。洗时，可先用冷水漂洗几次，再用热水浸 30 分钟，然后晒干。

泳衣在含有氯或盐分的状态下容易变色或变质，所以回家后立即洗涤、晾干是延长泳衣寿命的要诀。先将渗入纤维间的沙子漂洗出，将中性洗衣剂放入水中溶解，然后把泳衣浸泡在水中柔和地按压清洗。污垢去除后，再更换清水洗涤；洗衣剂如果残留的话，也是造成泳衣变质的因素，务必注意。将罩杯的部分重叠在一起挤压，太用力会造成变形，所以务必轻轻地处理，把水挤出即可。最后用衣架悬挂起来晾干，肩带部分用夹子固定。

洗汗衫和背心法

洗涤汗衫和背心时，先放在冷水中浸泡揉搓一遍，挤干水后再用肥皂粉水浸泡，用手搓揉即可洗干净。洗涤时不可用硬刷子刷，也不要用搓板用力搓，以防线圈折断。

若有黄色的汗斑，可将汗衫、背心放在5%浓度的盐水中浸泡、搓洗，可去除汗斑。如果用热水浸泡，会使汗液中的蛋白质凝固在汗衫上，反而不容易去除。

汗衫和背心上有了黑斑，可取鲜姜100克左右，洗净捣碎，加水500毫升放在铝锅内煮沸，约10分钟后，倒入洗衣盆内，浸泡汗衫、背心10分钟左右，再反复搓几遍，黑斑即可消除。

人造丝汗衫、背心及其他质地的针织汗衫、背心不宜用热水洗涤，更不能用碱性洗涤剂洗，洗净后也不要拧干。

晾晒时正面朝外，按原样将汗衫和背心抻平，汗衫和背心不能在阳光下暴晒，以防衣服褪色变脆。

洗长袖衬衫法

先把长袖衬衫两个袖子上的纽扣扣到胸前的扣眼上，然后放进洗衣机内洗涤，就可避免与其他衣物缠绕，洗出的衣服也不会皱皱巴巴。

高级名牌纯棉衬衫是用80支纱或100支纱制作的。由于是精纺织品，价格昂贵，洗涤时要特别小心。先用揉搓法蘸上加酶洗涤液对衣物的领口、袖口等污处进行清洗，然后按颜色分开，用加酶洗涤剂进行机洗。机洗时间不要过长，最长不宜超过10分钟，最后用清水漂净脱水即可。白色衬衫脱水后可用双氧水进行漂白，用荧光增白剂进行增白。

被汗浸透的衬衫不要用热水洗，否则会使汗液中的蛋白质凝固在衬衫上不易洗掉，时间长后会使衬衫变黄。如洗被汗浸透过的衬衫时，先将衬衫放入3%～5%的食盐水溶液中浸泡一下，再用肥皂洗，这样就易洗干净了。

炎夏，自来水中含有较多的氯气，因而用隔日的自来水洗涤真丝衬衫为宜。真丝衬衫对碱性有一定的敏感性，最好选用中性的洗涤剂。

洗衬衫领子袖口法

新买的涤棉衬衫，在没有穿之前，在硬领头和袖口上用棉球蘸上少许优质汽油轻轻擦洗一两遍，等汽油挥发后，再用清水冲洗干净，这样以后穿用该衬衣时，领口和袖口即使弄脏了或沾上污迹，也很容易洗干净。

衬衫硬领多半是由麻布和树脂麻布做的。洗涤硬领衬衫，可先将洗衣粉加水配成溶液，再把已经浸湿的硬领衬衫放入洗衣粉溶液中浸泡 15 分钟。如果衬衫很脏，浸泡时间可长些，然后用手轻轻揉搓，或者用刷子轻轻刷洗。如果领口太脏，可再用肥皂或洗衣粉轻轻揉搓。洗净后用清水漂洗干净，取出晾干。要注意不能拧绞，以保持衣领挺括。

衬衣的领子和袖口极易沾污，并很难洗净。可在衣领和袖口处均匀地涂上一些牙膏，用毛刷轻轻刷洗，再用清水漂净。

用小刷子蘸上洗洁精，刷衣领及袖口上的污迹（不要太多，见湿即可），然后把衣服放进洗衣机里洗，便可除去污垢。若手洗也会得到同样的效果。

在衣领上先撒一些盐，轻轻揉搓，然后再用肥皂清洗。因为多数人的衣领是被汗液浸污的，汗液里含有蛋白质，在食盐溶液里会很快溶解。如果还洗不干净的话，也可用 1 份氨水加 4 份水的淡氨水溶液来洗涤。

洗衬衣领口，还可把 50 毫升纯酒精兑入 100 毫升四氯化碳中，装入喷雾器中均匀地喷在污迹上，用毛笔稍加拂拭，污垢便可除去。待药液挥发后，再将衬衫投入洗衣机内按常规洗涤，即可获得满意的清洁效果。

在洗净晾干的衬衫领口和袖口上，用粉扑蘸上婴儿爽身粉拍几下，然后用电熨斗轻轻地压一压，接着再扑几下爽身粉。下次洗涤时，污迹便会很容易地清洗干净。

洗裙子法

白色纯毛裙子拿去干洗很贵，但很多人却又不知应怎样洗涤，甚至误放入洗衣机洗涤。如沾上了食用油或其他东西，用清洗喷剂处理即可。若是纯毛绒上面有污迹，用市场上出售的去污剂薄涂揉搓过水，便可将污垢清除。

尼龙衬裙如果不小心染上其他衣服的颜色时，可用毛巾蘸酒精擦拭，效果很好。

洗针织衫法

高档纯棉针织衫除了纯白色以外，多数是由两种以上颜色的纱线制成的。高档纯棉T恤衫上都附有商标或刺绣的装饰物，颜色各异，为了防止由于脱色而造成的串色或搭色，不能用高温洗涤，也不能浸泡时间过长。洗涤时动作要快，脱水要净。首先选加酶洗涤剂，对衣服污染的重点部位用揉搓法进行预去迹处理。然后按服装颜色分开，用加酶洗涤剂分别进行机洗，水温不可过高，以30 ℃为适，洗涤时间5～10分钟，最后用清水漂净再进行脱水。脱水后要及时烘干或晾晒，以避免串色。

针织服装宜用手洗，不适宜用洗衣机。清洗干净后将衣服折叠整齐放入洗衣机内脱水，这样既可以防止衣服变形，又可以使衣服很快晾干。选用专用洗涤剂或液体皂液，按照说明书中注明的方法轻轻揉洗，然后用清水漂洗干净，洗好后可将衣服平铺在干布或大浴巾中，轻轻地挤压一会儿，让干布或浴巾吸收一部分水分，晾晒时平铺晾干，针织服装就不会变形。

洗T恤衫防变形法

T恤衫洗后很容易变宽变短，如果每次洗完后把它上下拉一拉，或在晾晒时将领子朝下，下摆朝上挂，就可以避免变形。

洗静电植绒布衣物法

静电植绒布是一种由绒、胶、底布复合加工而成的产品。一般情况下较难沾污，也不需洗涤，布面一旦脏污，切不可泡在水中揉洗或刷洗，用棉纱蘸些酒精或汽油轻轻擦一下就行了。揩擦时用汽油或酒精的量也不可太多，用力不要过猛，否则，绒布过湿，布上的绒就可能被刷落。

洗拉毛织物法

先将拉毛织物用水浸湿，然后在另一个清水盆中放入低泡洗衣粉调匀，放进拉毛织物浸泡30分钟左右。在领口、袖口等较脏处加一些洗衣粉，用手轻轻搓揉，除去污垢后再将整件衣服轻轻揉搓，即可过清水。过净后，将衣服放在桌上摊平，让其自动沥去水分。待水分大部分沥干，才能用衣架晾起。

将洗衣粉在温水中溶解，再把拉毛衣物放入浸泡10多分钟，然后用手轻轻揉搓，洗净、挤干、晾干。最后放在水蒸气上蒸一下，再用尼龙刷子顺着织物的纤维梳理一下，就会使拉毛织物恢复原状，美观如新。

在冷水中加点醋，把洗净的拉毛织物放入水中浸泡1分钟左右，使酸碱中和，以恢复织物的柔软和光泽，然后用大毛巾包起来，拧去水分，晾干。

要选用高档洗衣粉，用温水冲好后，将拉毛织物放在水中浸泡十几分钟，轻揉几下后再将水分挤干，不要拧。洗净后再放一盆清水，加入少量食醋，将拉毛织物放入，浸泡1分钟左右捞起，用干毛巾包裹后轻轻挤干水分。拉毛衣服晾晒时最好不用衣架，而是连袖直接穿在绳索或竹竿上，并置于阴凉处晾干。干后用软刷顺着绒毛的方向轻轻将毛梳通，即可恢复原来蓬松、柔软的效果。

洗印花织物法

洗涤印花织物时最好用冷水或微温的水，切忌用沸水，也不要用纯碱性的洗衣粉溶液洗，更不要将印花织物泡在肥皂液里过夜，否则会剥蚀印花的光泽，影响织物的坚固度。在水中加适量食盐浸泡，洗涤后不易褪色。

洗印花手帕时，可先用含醋或盐的溶液浸泡半小时，然后再清洗，就可避免印花图案脱色了。

洗毛巾织物法

在洗毛巾衫和毛巾被等毛巾织物之前，可先将织物放入冷水中浸泡30分钟，然后放入50～60 ℃的皂液中进行洗涤。在皂液内上下拎刷几次后再浸泡5～10分钟，浸时务必使织物没入皂液，洗时要均匀地搓洗。晾干后，要用手顺序均匀地揉搓，再抖动几下，使织物上的绒毛保持松散。

已变得粗糙发硬的毛巾被、毛巾衫等毛巾织物，要恢复其柔软感，可将其放入浓肥皂液（80%左右）或碱水中煮沸片刻，煮时应使皂液淹没被洗物，然后用温水、清水依次漂洗数次，最后放在通风处吹干。

夏季毛巾被汗蚀变硬，可将其放在水盆中，加入10毫升84消毒液，浸泡一夜后清洗揉搓，毛巾被即可松软干爽。

保持毛织品光泽法

洗完衣服后，在一大盆清水中滴入几滴醋，然后把衣服放进去漂洗一次，这样可使毛织品光泽鲜亮。

洗绣花织物法

先将绣花织物的一角用水浸湿，然后再把浸湿的绣花线在一块白布上擦几下，若白布被染上色，说明绣花线是容易褪色的，洗时就得小心。第一次可在温盐水（1 000 毫升水放 1 汤匙盐）里洗，以后可用普通的洗衣粉洗涤，1 000 毫升水加半汤匙洗衣粉和半汤匙醋即可，洗时不能拧，洗几次后稍稍挤去水分，在阴凉处晾干就行。

洗涤软缎绣花衫和绣花被面以及这类衣物时，最重要的是防止软缎及其绣花褪色而造成的串色。特别要注意保护好绣花，不能因洗涤而使绣花遭到破坏。洗涤这类衣物时，动作要迅速麻利，把衣物放入冷水中浸透后，及时捞出平铺在搓衣板上，不能重叠以防搭色，水温不能超过 30 ℃，将洗涤液倒在衣物上，用软毛刷顺着纹路轻轻刷洗。刷洗的动作要快，用力均匀。尤其是绣花头上要按着纹路刷，防止起毛。当发现绣花褪色时，要立即放入清水中，拎洗浸泡后再刷洗。依据衣服的褪色程度，可采取边刷洗边用清水冲洗的方法，或者每刷一片就要刷到，不能漏刷，也不能重刷。同时也要防止色水污染搓板。衣物刷洗完毕后要用拎洗法漂洗，先用温水漂洗两次，再用冷水漂洗一次，动作要快。然后还要做浸酸处理，最后脱水。脱水时要把绣花衣物平铺在洁净的毛巾被上，用毛巾被把衣物裹好放入甩干桶脱水。脱水后抖平，晾在通风处阴干。在这个洗涤的过程中，流程要十分紧凑，一气呵成。

洗钩编织物法

钩编织物主要是用作帷幔、窗帘、家用电器和沙发靠背扶手的装饰等。洗前先用清水将织物浸透，然后在小苏打的温水溶液中漂洗一次，再用 45 ℃左右的增白洗衣粉液或增白肥皂液洗涤。洗时要轻轻地揉搓，最后用清水漂洗干净。尼龙钩编织物洗涤时，在用清水漂净浮土后，可用中性皂片揉洗，用清水漂净后，再用洗衣机甩干。

洗膨体纱织物法

在洗涤膨体纱织物时，切忌使用热水，否则原来的纱线定型会被破坏，不再卷曲，很易拉长，织好的衣服会变得又肥又大。膨体纱只能用 30 ℃以下的温水洗。

膨体绒线洗涤不当，会使绒线发僵变形。此时，可把洗净晒干的绒线浸入开水盆中（水量以淹没绒线为度，但切勿将开水直接浇到绒线上），然后上下拎动 3～5 次，再用筷子缓缓搅动，使其各部分受热均匀，待冷却至 40 ℃时，将绒线捞出挤去水分，挂于阴凉处晾干，即可使其恢复蓬松。

洗泡泡纱织物法

泡泡纱织物既不耐搓，又不耐高温，洗涤时不注意就会发生变形，甚至失掉泡泡纹。洗涤时水温要低，不要在洗涤液内浸泡，更不要用热水浸泡；洗时宜用手轻轻揉搓，不要用搓板搓洗，漂洗干净后用挤压的方法去除水分，不要拧，以免衣服被拉长，使衣服变形变大。泡泡纱衣服只要晾到八九成干就可收回，收下来要将衣服折好压平（不要用熨斗熨），这样才能保持泡泡纱效果经久不变。

洗毛线衣物法

用茶水洗毛衣（线），不仅能把尘土洗净，还能使毛线不褪色，延长其寿命。在一盆热水中放一把茶叶，待茶叶泡透，水温凉后，滤出茶叶，把毛衣（线）放在水中浸泡 15 分钟左右，然后轻轻搓几次，再用清水漂洗干净，挂在阴凉处让其自然干燥，至快干时，再放到室外暴晒。这样洗毛衣和毛线，可使其色艳。如果在漂洗毛线的最后一次水中加 1～2 滴发油，编织时手感会比较柔滑，毛线也会增加一些光泽。

洗毛衣时，先将毛衣挂在室外，用藤拍轻轻抽打除去灰尘后，再用温水将毛衣浸透，并用手揉挤一会儿，然后捞出把水攥干，放入洗衣粉溶液中浸泡 15 分钟。洗时只能用手轻揉，不能使用搓板搓洗。洗干净后在温水中漂洗几遍。这样不但可以中和碱性，而且可使毛衣蓬松光亮。毛衣洗后切忌用手使劲拧绞，以防毛衣变形。另外，不要用洗衣机洗毛衣，因为用洗衣机洗毛衣，在洗涤过程中毛衣处于伸拉状态，受力面不均衡，这样毛衣晾干后不能复原，容易变形。在温热的水里加入几滴花露水搅匀后，把刚洗漂干净的色彩鲜艳的毛线编织物放进去浸泡 10 分钟左右，然后放在阴凉通风处晾干，会使衣物的色泽更加鲜艳。

洗发黄或变黑白毛衣法

白色毛衣穿久了会逐渐发黄或变黑，如果将毛衣清洗后放入冰箱冷冻 1 小时，再取出晾干，即可洁白如新。也可在温热水里加入毛制品专用洗涤剂，放入白毛衣，翻几次浸泡一会儿后再洗。清洗时应用温热水，在温水中倒入适量柔软剂溶液，最后用浴巾包住去掉水分，放在阴凉处晾干。用洗衣粉洗毛衣易造成毛衣变硬。如用洗发精洗毛衣就不会出现这种现象，而且还能保护毛线。因为洗发精是根据头发的需要配制的，毛线又是动物之毛纺织而成的，用洗发精洗毛线会使毛线柔软、光滑。

洗毛线编织物法

拆洗毛线衣、毛线裤，如果不得法，会使毛线粘并、褪色和脆化。先轻拆，断头处要接好，拆后分成小把，放入冷水中浸泡半个小时，再用手大把轻揉，洗去浮土、浮脏物，随即放入50 ℃左右的洗衣粉溶液中轻揉。洗净后，先用温水漂一遍，挤去水分，放进适量的食醋后再洗，使洗衣粉残液的碱中和，最后再用冷水漂洗 2～3 遍，挤去水分，将毛线逐把抖直，搭在晾衣绳上风干即可。

洗毛衣防缩水法

将毛衣折叠成整齐方块，领口、袖口向外，把毛衣平放在水中浸泡 2～3 分钟，用手轻压 20～30 次，再漂洗干净。将折好的毛衣装入网兜中，放在洗衣机内脱水 30 秒钟。把毛衣平放在通风处阴干。

洗毛线时，若要防止缩水，可先在温水中放 1 匙氨水将毛线浸透，冲净后再用洗衣粉洗涤就不会缩水了。

洗毛衣防变形法

用两个废旧丝袜自领口处分别穿过袖子，使一端露出袖口，再用晒衣夹夹住两个袖口和领口的左右两点就行了。这样的晒法，可以避免毛衣变形。毛衣洗完脱水后，可放置在竹帘子上平展整形。待微干时，可挂在衣架上找一个通风背阴处晾干。另外，细毛线晾晒前，可先在衣架上卷上一层毛巾或浴巾，以防变形。

恢复毛衣弹性法

毛线衣穿久了，袖口或下摆因失去弹性会变得宽松肥大，很不合体，且影响美观。可用热水把毛线衣烫一下(水温最好在 70～80 ℃，过热毛线衣会缩得过小)，捞出晾干，即可使其恢复原状。洗毛衣时应该把下摆和袖口往里卷一些，洗时用手轻轻揉搓，袖口、下摆要直向搓洗。晾晒时平铺在台面上或放在专用的晾晒篮中。

使弯曲的毛线复直法

在毛线上喷洒一些水雾，覆上拧干的毛巾，再一面拉直毛线，一面用熨斗熨烫，如此反复地进行，即可使毛线恢复平直。

洗纯毛毛线法

浅色纯毛毛线可用1%～3%浓度的肥皂水拎洗，也可用专用洗涤液拎洗。如果毛线比较脏，拎洗一次后可再换新肥皂水拎洗，边拎边轻揉，水温以不超过40 ℃为宜。深色的纯毛毛线要选用优质洗衣粉或专用洗涤液拎洗，水温在30 ℃左右即可，皂液的浓度为1%。用清水拎洗，漂洗干净后用手挤压掉水分。将毛线中的水分甩干，将毛线抖顺展开，晾在阴凉通风处，避免暴晒和烘烤。深色的全毛毛线也可用茶水洗涤。将25克茶叶泡成茶水，然后配制成浓度为40%的温茶水洗涤剂溶液。将要洗的毛线全部浸入温茶水中，20分钟后用手轻轻翻动和挤压，随后再用温水漂清甩干。晾晒后的毛线既干净，又能恢复原来的光泽。

洗混纺毛线法

拆洗混纺毛线时，为了使其保持平直和光泽，可用简单办法处理。即在高压锅中放入半锅水，烧至将开，拿掉减压阀，让蒸汽冒出。将混纺毛线绷在一根细木棍上，放到蒸汽上面蒸，毛线很快就会变得平直而有光泽。

洗腈纶毛线法

洗涤腈纶毛线宜选用中性的洗涤剂或高级洗涤剂，水温最好在40～50 ℃，洗涤时应轻轻挤压。洗净后，放在阴凉处平摊晾干，然后放入80～90 ℃的热水盆里浸泡，并用筷子搅动几下，使其受热均匀，易于伸直，等热水成温水时，再把毛线取出拧干，在阴凉处晾干。

洗马海毛织物法

先将洗衣粉溶于40 ℃左右的温水中，然后将马海毛织物浸入溶液中泡20分钟左右，再用手轻揉，最后漂洗干净即可。

对马海毛织物进行干洗时，可用洗剂或汽油，采用局部喷刷的洗涤方法，不必熨烫和梳理，其毛便会自然耸立。用干洗法洗马海毛织物，能很好地保持其应有的特性。

洗粘纤毛围巾法

洗涤粘纤毛围巾时，宜用中性皂片，先切成小片，加沸水冲泡成肥皂液。待水至微温时，再将围巾浸入，在污垢处轻轻搓洗后漂净，放在阴凉处晾干。不要在湿润时用力搓揉，或用刷子刷、搓板搓；不要用沸水泡洗，不要在阳光下暴晒。由于它使用后易皱，可在用后将围巾的一端用夹子夹好，垂挂一段时间，或用湿布覆盖后熨平。不要用力抻拉，以免变形。

洗羊毛围巾法

洗涤羊毛围巾时，宜用中性肥皂，用温水轻轻漂洗，摊平阴干后，用湿布覆盖熨平。切忌用沸水浸泡或用力搓揉，以免缩绒和变形。

洗真丝围巾法

真丝围巾系100％蚕丝精制而成，它不同于洋纺、大华绸等围巾。因此，为了保持其色彩鲜艳、手感柔软，在洗涤时一定要注意。另外，蚕丝纤维比较娇嫩，不宜在碱性溶液或高温下洗涤，手洗时应避免用力搓洗，以防损伤绸面。洗涤前，将丝巾放入冷水中浸湿片刻，稍作搅动，然后放入30 ℃左右的中性肥皂液或中性洗涤剂中轻轻上下左右摆动，适当揉搓。洗后将肥皂液洗净，再用凉水清洗，拉挺直后晾到阴凉处，不可在阳光下暴晒。晾干后可盖上一层湿布熨烫，注意温度不可过高。

洗丝绸方巾法

因蚕丝是一种蛋白纤维，不耐碱，故宜用中性洗涤剂，温度控制在30 ℃以下，以防止丝绸褪色、泛黄、变色、光泽黯淡。丝绸洗净后，在加有几滴醋的水中浸泡几分钟，可使丝绸色泽鲜亮，洗后不得拧干，应在阴凉处晾干。洗净后不用时宜放在暗处，以免吸收紫外线后泛黄、变色。

洗牛仔服法

用洗衣机洗牛仔服可以省不少力气。牛仔服容易褪色，最好与其他衣物分开洗。洗之前先将拉链拉好。如果比较脏的话，可以配合浸泡、强力洗净等程序来洗。晾晒的时候要翻面，用晒袜子、手帕用的小衣架吊起来，使裤管呈圆筒状，这样易干。

许多牛仔服洗时容易掉色，在第一次洗刷之前，为防掉色，可把它浸泡在较浓的盐水中，过一个多小时再洗。如果还轻微掉色，那么以后每次洗刷之前都要先在盐水中浸泡，这样才不至于在短期内失掉它原来的颜色。

牛仔服染上污迹时，可先用刷子刷，然后用切好的土豆片涂擦，最后用清水洗就非常干净了。

洗工作服法

沾满油污和尘埃的工作服，如果用洗衣机洗不干净，可以在较脏的部位先用刷子蘸些清洁剂刷一刷，然后再放入洗衣机内洗，这样就可以洗得较干净了。

洗风衣法

洗涤风衣时，可先用冷水把风衣浸泡一会儿，把洗衣粉冲开，待水温在20～30 ℃时，把风衣放在洗衣机里洗或用手轻轻揉搓。注意：千万不能用搓板，也不能用力拧绞，否则会使风衣出现皱褶，破坏风衣的防水性。洗净后，再用清水漂两遍即可。

水洗皮革服装法

先把皮革服装放到冷水中浸泡1～2分钟，再放到洗涤液中浸泡1～2分钟，在用洗涤液浸泡时，要把衣服上下提起几次，将衣服上的领子、袖口、口袋等易脏处和自然折痕处轻刷。刷净以后，再放入原来的洗涤液中，上下提起多次后轻轻拧干。拧干后可用温水清洗，清洗时要把衣服的领子、口袋、下摆等双层处拧一拧，以免洗涤液挤不净而使衣服发黄、变硬。清洗几次以后，可把衣服拿到掺有一些米醋的冷水中浸泡1小时，然后用冷水把衣服清洗干净。衣服洗干净后，用毛巾被或浴巾包起来拧干，再用衣架晾到阴凉通风处。待衣服八成干时，用手轻轻地揉搓自然折痕处和发硬处，使其变软；并且用手拉一拉，尽量使其保持原来的形状。水洗时要注意的是：只能用中性洗涤剂，千万不能放碱；水的温度以30～40 ℃为宜；洗净后必须用酸溶液浸泡，严禁暴晒和火烤。

使旧皮革服装复新法

将穿旧了的皮革服装用干净湿布擦拭其表面，以除去皮革表面上的灰尘和污垢。用干净的布蘸些去油剂（氨水、酒精各1份和水1.5份配成），用力擦拭污处，待晾干后涂刷底色。底色的配比为：黑染料2份，深棕色染料3份，水300份，调匀。用毛笔涂在脱色的革面上，晾干后就可以进行涂饰。涂饰是拯救皮革服装中的重要一环，它可以改变皮革服装陈旧的外观，使其具有光泽。涂饰剂的配比为：甘油10份，蛋清15份，水40份，深棕色染料4份。先用温水溶解染料，再放入蛋清和甘油搅匀，用纱布过滤；然后用小喷雾器进行喷涂。涂层要均匀并尽可能薄一些，不要喷得太多，以免造成流浆。用干布将革面擦一下，再用甲醛1份、水2份的混合液均匀地喷在革面上，使涂饰剂牢固地和革面结合，并产生光亮。

皮革服装色泽发暗时，可涂刷一遍鸡蛋清和水的溶液，即会光亮如新。

浅色皮衣上的局部污垢，可用橡皮擦去。

清洁貂皮衣物法

清洁貂皮衣物时，可用1∶1的比例配制氧化镁粉和玉米粉混合物，涂擦在皮毛上（污处多涂，其余部分少涂）。12小时后，抖去或刷掉皮毛上的粉即可。如果一次清除不净，可多进行几次，至污垢全部除净为止。

清洁羊皮服装法

新买来的羊皮衣上常有一股难闻的膻气味，如果把皮衣置于烈日下暴晒，或放在开水中浸泡，不但去膻味效果甚微，且易缩短其寿命。把酒精均匀地喷在皮毛和皮板上，将少量黄米面撒在毛皮上用软毛刷顺着毛刷1～2遍。等表面干后，把黄米面抖落，然后将羊皮衣紧紧地卷起放上一些樟脑闷2个月左右，羊皮衣上的膻气味便可随酒精和樟脑挥发掉。

清洁羊皮衣时，先用酒精喷一遍，再用干面粉撒入毛皮内搓毛。

去除羊皮衣上的污垢，可把酒精和氨水按1∶1的比例配成混合液，先刷去皮衣上的灰尘，再用混合液擦拭，最后用清水洗净，晒干后把毛皮拍打至蓬松。

可用萝卜片擦除羊皮衣上的污迹，然后暴晒，羊皮衣会洁净如新。

清洁麂皮夹克法

洗涤麂皮夹克的洗涤剂有两种：一种是较高级的汽油；另一种是15％～20％的氨水与80％～85％的清水的混合液。洗涤前，先用软刷刷掉衣服上的浮尘。洗涤时，用软毛刷子蘸洗涤液顺次在毛面上刷，刷好后用干净的旧布轻轻擦拭，再用较硬些的刷子将倒伏的绒毛刷起，再晾干。

若皮面褪色较严重，洗好后的衣服可用小软毛刷蘸些与原来皮面颜色相似的染料水均匀涂刷（如能用小喷雾器喷涂更好），然后晾在阴凉通风处。干燥后将绒毛刷起。最后再取太古油或奶子油15份、开水85份，化开后均匀地喷洒在皮面上，每件夹克约需20毫升油水混合液，就能使衣服的颜色光亮如新，并能保持一定时间。

麂皮衣服脏了可用汽油干洗。洗前将麂皮衣服放在干燥通风的地方吹晾，再用大毛刷刷去浮土，然后把衣服平铺在洁净光滑的台板上，用软毛刷蘸优质汽油按顺序刷洗。刷后用干净的旧毛巾顺序反复擦拭。最后用稍硬的刷子把倒伏的绒毛刷起，将衣服挂在通风阴凉处晾干即可。操作过程中用力要均匀，注意防火。清洁麂皮夹克时，可先将其放在加有小苏打的肥皂水中泡3个小时，然后搓洗、漂净、晾干。

清洁麂皮夹克时，可用布蘸上按1∶1比例配成的氨水擦洗，然后立即用干布擦干，最后用绒布擦拭。

浅色皮夹克上有了脏污，可以用橡皮擦去。

清洁人造麂皮夹克法

在洗人造麂皮夹克时，要用中性洗涤剂，不要长时间浸泡，不可用普通肥皂，也不可用汽油等有机溶剂进行干洗，防止破坏人造麂皮的织物结构。洗好后不可在绒面熨烫，最好是从反面熨平，以保护人造麂皮表面的绒毛。平时应注意保持人造麂皮布面的整洁，尽量少下水洗涤，特别是以无纺布为基布的人造麂皮，最好不下水洗。

清洁皮夹克衬里法

皮夹克的里子大多是用美丽绸或羽纱缝制的。洗前先把下摆和袖口处的锁线拆开，将一光滑洁净、两头呈圆形的木板垫在中间，用小毛刷蘸淡洗衣粉液按纹路刷洗。每刷净一处后用温净水刷几下，再用干毛巾尽量吸尽水分。换刷另一部位时用干布把洗过的地方垫好，防止弄湿革面。晾晒时反面朝外，用衣架挂在阴凉通风处。衬里过湿时可用筷子支起下摆或把干布衬垫在袖、肩等处。

使旧皮夹克复新法

皮夹克穿旧了，自己可以整染。整染时，先用软布蘸50%浓度的酒精擦去皮衣表面上的污垢，再用与皮衣颜色相同的刷光浆，用毛刷涂染均匀。稍干，再用福尔马林和醋配制成混合液涂刷一次。最后用虫胶酒精溶液再涂一遍，即可整旧如新。

清洁一般裘皮服装法

裘皮服装穿脏了，可将其放在大盆里，用毛刷或棉球蘸汽油或酒精擦在毛皮上，将滑石粉撒在毛皮上用手揉搓，切忌用水洗。经过揉搓，粉末会逐渐变脏而毛皮逐渐干净。如粉末太脏，可去掉，换干净的再搓，直至搓净。将清洁过的衣服挂起来，用藤拍轻轻拍打去除粉末，晾干即可。

将麦麸（或干面粉）放在锅里炒热。趁热将麦麸撒在裘皮衣物上，轻轻搓揉皮毛，再将麦麸拍净。

在皮毛上洒少量白酒，然后将黄米面（每件皮衣需 2 000 克黄米面）撒在裘皮上用手揉搓。当裘皮搓净后，用藤拍拍打皮板，把黄米面除去后晾干，再均匀地喷一遍清水，毛就会复原了。亦可用滑石粉代替黄米面。

将适量的汽油与肥皂水混合，配制成清洁剂，可用来擦洗毛皮制品。

先用刷子将毛刷整齐，然后用布蘸挥发油顺着毛擦拭。挥发油会逐渐渗入皮毛内，再在阴凉处晾晒半小时，使挥发油完全挥发掉，再轻轻地拍打，这样，污垢将会被拍打掉。为使毛皮恢复光泽，可用刷子刷毛，也可以用干纱布沿着毛路擦拭。

将工业酒精和氨水按 1∶1 配制成混合溶液，或将氨水、食盐、水按 1∶3∶50 的比例配制成混合溶液，然后用毛刷蘸混合溶液给皮毛去污。注意，不要把皮板弄湿。刷净后再用清水进行冲刷。

干洗裘皮服装时，先用铁梳将裘皮服装表面梳通，再用专用干洗剂顺毛擦洗，短毛裘装或污迹较多的裘装可逆毛擦洗；洗净晾干后，再用旧毛巾蘸醋擦拭其皮毛，以增加光泽；晾干后再用稀齿梳将皮毛梳理顺通。

裘皮大衣不小心沾上油污或其他污物后，可用拧干的热毛巾顺着毛轻轻揩擦，擦净后，将裘皮大衣放在太阳下晒一晒，然后用藤拍轻轻拍打，使毛面蓬松柔顺。

翻毛裘皮衣服上如沾上油迹，可在油污处撒些生面粉，再用刷子顺着毛刷擦，直至去掉油迹，最后用藤条拍打毛面，去掉余粉，油迹可彻底清除。

清洁白色裘皮服装法

白色裘皮衣物若有了污垢，可用白萝卜擦拭毛皮，时间越长效果越好，擦净后将其晾干。

白色裘皮上的污垢可先用刷子蘸汽油刷洗，然后摊在桌子上，轻轻扑上一层淀粉，以防止皮毛端头粘在一起。当汽油挥发后，抖落淀粉，将毛梳理整齐即可。

白色的裘皮如果发黄了，可用 2 杯水加 1 小茶匙双氧水配制的水溶液进行刷洗。刷洗后再用清水刷 1 次，发黄的皮毛即可变白。

将双氧水和亚硫酸按 1∶1 的比例混合均匀，再用 30～50 倍的水稀释。用此溶液即可刷除毛皮的黄迹。

将浓度为 30％的双氧水 100 份、浓度 25％的氨水 15 份和甘油 10 份混合，便配成毛皮漂白剂。用刷子蘸漂白剂均匀地刷在发黄的裘皮上，将有毛的一面向下，用辐射热源加热到 80～160 ℃，10 分钟后，裘皮就漂白了。

毛皮服装上小面积的油污，可在油污处用干净的棉花蘸少量汽油揩擦，待油污揩后，再用热水微润一下，晾干。

将皮衣晒透，拍去灰尘，用冷水调匀小米粉，遍擦皮毛，最好擦到皮毛根部，再用手搓擦，使污垢粘到小米粉上，最后，抖掉小米粉，在阳光下晒干，拍去粉末，皮毛即干净清洁。

干洗人造毛皮衣物法

干洗人造毛皮衣物时，只要用纱布蘸少许乙醚、酒精或汽油，轻轻擦拭一下，污迹即可消失。洗涤晾干后，要用熨斗并加喷少量的酒精稀释溶液，顺毛轻轻熨烫几次，熨烫温度控制在 90 ℃左右为宜。

水洗人造毛皮衣物法

水洗时，用中性洗衣粉或其他洗涤剂，浓度在 0.3%～0.5%，水温在 60 ℃以下。洗涤时应轻轻地多刷几次。洗好后的衣服不要用力拧，拿起来抖抖水就可以放在阴凉处晾干。注意：不能在日光下暴晒。

先把人造毛皮大衣放在冷水里浸泡 10 多分钟，再在 40 ℃左右的洗衣粉液里揉搓，然后放在平板上，用刷子均匀地刷洗，之后用清水漂净，再用 3%的醋水浸泡片刻，晾干后再梳理一下。

人造毛皮和仿兽皮服装都是腈纶织物，洗涤时先在冷水中浸泡 3～5 分钟，捞出用双手挤出水分，再放入洗涤液中，洗涤液温度为 30～40 ℃，用手轻轻揉洗，再放在搓板上，用刷子把衣服里子刷干净。人造毛皮和仿兽皮服装的里子多为美丽绸或羽纱织品，刷洗时用力要轻。衣服较脏的部位可蘸些洗涤剂刷洗，最后再放入洗涤液中拎洗。因这类服装吸水性强，浸湿后比较重，故拎洗时要用双手分别攥住两肩，上下拎洗。在拎洗几下后，用手挤出衣服上的洗涤液，再进行漂洗。用 40 ℃的温水漂洗两次，用冷水漂洗一次。漂洗时应每漂洗一次就甩干一次，再漂洗，再甩干，然后把衣服抖平挂起。晾干后再用双手整平，用梳子整理一下皮毛。

清洁人造革服装法

人造革服装不能用洗衣机洗，不能搓洗或揉洗，只能用软毛刷蘸优质洗涤剂轻轻刷洗。漂洗时要采取上下拎洗的方法，不能拧绞，以免出现皱褶。洗涤温度以 30 ℃为宜，漂洗时用冷水多洗几次，漂洗干净后用衣架晾在通风处，最好不要甩干。绒面革服装晾干后可用软棕刷刷一次，使面绒不倒伏，保持外观丰满。

人造革外衣只洗皮革面，用纱布蘸肥皂水擦洗，再用温水擦净肥皂液，直到水清为止。然后用纱布擦干即可。

可用毛巾蘸上清水擦洗，若太脏，也可蘸些洗涤剂溶液揩擦，并立即用清水漂净，不能有皂迹。洗完后，须放在阴凉通风处晾干，切忌暴晒和火烤。如果需熨烫，熨斗温度不宜超过 120 ℃。

人造革服装千万不可用汽油、香蕉水、苯等有机溶剂清洗，以防变质、发硬、脆裂、失去光泽。

人造革外衣如果只洗革面，可铺于平板上，用纱布先蘸肥皂水擦洗，再蘸温水擦洗，一直到水清为止，然后用纱布擦干。如果里外全洗，应先用温水浸透，然后放在肥皂水中用软刷子把里子刷净，再用纱布擦拭革面，然后晾干。

干洗领带法

干洗领带时，可取棉球蘸少许酒精或汽油轻轻擦拭，然后垫上一块湿白布，用电熨斗熨烫。熨烫时的温度要根据领带的材质来决定。化纤织物熨时温度不可过高(70 ℃以下)；熨毛料、丝绸材质的温度可高一些(170 ℃以下)。

水洗领带法

水洗领带时，可将领带先放进 30 ℃左右的温皂水中浸泡 1～3 分钟，用毛刷轻轻顺着领带纹路刷洗，不可用力硬刷，也不可任意揉搓，刷洗完要用同肥皂水一样温度的清水漂洗干净。之后再按上法进行熨烫。水洗后的领带万一走了形，可将领带后面的缝线拆开，把领带的面料加衬布熨烫平整，然后按原样缝好即可。

刷洗领带时，可用胶版纸或薄层胶合板按领带的尺寸做一个模型，把领带套在模型上面，用软毛刷蘸上洗涤剂对领带轻轻地进行刷洗。然后再用清水漂洗干净(务必刷清)。洗完后晾一会儿，便可衬上一块白湿布用熨斗熨平，然后可撤下模型。如此，领带既不会变形，又平整如新了。

清洁领巾法

领巾直接与皮肤接触，故而极易脏污。绢质领巾若用水洗，会损坏质料，变形走样，无法再用。清洗领巾时，先在不显眼处滴一滴去污油(或干洗精),看是否会褪色,然后在空瓶中倒入去污油,把领巾放进去,不断地摇晃瓶子即可。

清洁海虎绒领法

海虎绒领如果有了污迹,可用软刷蘸些肥皂水轻轻刷洗,然后用热水刷洗,晒干。至快干时,再用刷子梳理(先倒刷,再顺刷),以防毛绒蜷聚一团。

使倒伏海虎绒领竖起法

海虎绒领的毛绒倒伏后,可用铝锅烧开水,用蒸汽蒸其反面,边蒸边用软刷来回梳理(正反),绒毛便会竖起。如果是较小的绒领,可在水壶嘴上蒸,边蒸边刷。

清洁花边法

花边被弄脏了,可撒上明矾粉,再用软毛刷轻轻地刷一遍,明矾擦去后,污迹便会消失。一般的棉织花边可随衣服进行洗涤。若与衣服颜色有异的花边,最好拆下来分开洗涤。

洗白色花边可用热水溶解肥皂片,以产生较多的泡沫。把皂液倒入罐子中,再把花边放入,然后将盖子盖好,摇动 5 分钟,再换新的肥皂水,重复这个过程直到花边清洁为止。然后先用温水漂洗,再用冷水漂洗。

清洁易坏的花边,可将其浸在 1 碗汽油中用手轻搓,直到花边干净为止,然后取出晾干。洗涤花边可以用手搓揉,但千万不能摩擦。

将黑色花边放在甜的咖啡中浸泡,然后取出来晾干。这样,黑花边既洗干净了又上了浆,两全其美。

在清洗花边的水中加少许糖,放平晾干后即可使其有光泽而且不变形。

花边上浆法

为使花边上浆得更好,可在 1 000 毫升凉水中放入 1 个蛋清。用这种液体上浆后,再用热熨斗熨一下,就可使蛋白质凝固。

使花边变白法

要使花边变白,可把花边叠起来放进一个白布袋中,再将袋子放在亚麻油中浸泡 24 小时,然后再将其放入烧开的肥皂水中泡 20 分钟左右,清洗后用白淀粉上浆,并熨好。

清洁金、银花边饰品法

清洁金、银花边饰品，可将其缝在一个麻布袋上，把布袋放入肥皂水锅中（500 毫升水加 60 克左右肥皂）煮沸 30 分钟，然后连同袋子彻底冲洗干净，再取出金、银花边饰品，摊平晾干。

清洁绢花法

绢花不可用水清洗。若要清洗，只能是先用干净的毛刷刷去灰尘，然后用毛笔蘸点汽油轻轻擦拭，效果比较好。

洗衣服垫肩法

现在带垫肩的衣服越来越多，为防止在洗衣机中洗涤时变形，洗前可把垫肩对折，再用别针把垫肩的边缘别起来，这样洗涤后的垫肩就不会变形了。

浆洗衣物法

浆衣服时滴入少量牛奶，衣服干后熨烫，可使衣服熨得更加挺括光亮。

床单和枕套等洗好后浆一下，看上去会更加洁净、舒爽。但是，浆过的衣物熨烫时会感觉洗衣浆似乎粘在熨斗上，熨烫不顺利。在洗衣浆中加入少许食盐试试，熨烫时粘滞的情形就会消失。

沉淀的白色淘米水（滗去上清液），煮沸后可用来浆衣服。

洗衣防褪色法

有色衣服褪了色十分难看。为了防止褪色，花色衣服在第一次下水时，可在水中加少许盐浸泡 10 分钟，就可防止布料褪色，使洗出来的衣服透亮。

容易褪色的衣服，洗时可在水里加些醋泡一下，然后再拿出来洗。这样就可使衣服不易褪色。

将少许食盐和小苏打掺入水中，然后把棉布放在其中煮 1 小时，可使棉布色彩鲜艳明亮。

洗高级衣料时，可在水里加少量明矾，这样可避免或减少衣服褪色。

花色衣服因汗水浸迹而褪色时，可用水稀释草酸至 2% 的浓度，用牙刷蘸此液刷洗，然后漂洗 2～3 次就能复色。

对于穿着日久已经变色的衣服，如蓝色的绸缎日久变为淡紫色，用硼砂溶液浸泡1小时,就能恢复原色。

检验布料是否会褪色,可在布的一角沾一些水,两三分钟后,再用卫生纸包住湿的部分,用手压或揉,若卫生纸有布料色泽,则表示该布料会褪色。

用洗衣机洗薄衣服法

薄的尼龙衣物如果用洗衣机洗,很容易损伤,假如把衣服塞入枕头套内,用橡皮筋把枕头套口扎起来,然后再放入洗衣机内洗涤,就可避免衣服被损坏。

洗衣服防纠缠法

多件衬衫一起放入洗衣机内洗,袖子很容易绞缠在一起,晾晒时还得一一解开,非常麻烦。如果在洗衣之前,预先把袖子扣在前襟上,就可免除这种麻烦了。

有的衣物有长带子,若不加以处理,洗涤时往往会绞成一团,非常费事。洗之前可将带子折起来,用橡皮筋扎住,然后放入洗衣机内。

洗衣服省时法

先将衣服放入洗衣机内用清水初洗一次,几分钟后放掉污水,再用清水加洗衣粉洗涤,这样既可减少洗衣粉的用量,又容易洗净衣服。洗衣时,每次洗涤定时器应控制在5~8分钟。若衣服缠绕在一起可用手分开,以免衣服因缠绕而难以洗净。按照此法反复洗涤2~3次后,一边放掉污水一边将衣物捞出放入甩干桶内脱水(定时3分钟左右)。甩掉污水后再把衣服用清水漂洗干净即可。

除洗衣泡沫法

用洗衣机洗衣物时,只要在洗衣筒里倒入一杯醋,洗衣粉的泡沫就会消失,并不会溢出筒外。

洗衣机内放入太多的洗衣粉而产生过多泡沫,影响漂洗,可立即撒少许盐,泡沫立刻消失。

用洗衣机洗涤衣服时,洗衣粉的泡沫不易漂净。如在洗衣粉泡沫溶液中加入肥皂水,再启动洗衣机弱洗2~3分钟,泡沫即自行消去。

洗衣服快干法

衣服上某个部位沾上了污迹,用去污剂洗净后再用电吹风吹干,几分钟后便可穿用。

使黑布衣物变新法 为了使旧的黑布衣物像新的一样，可在洗衣服的最后一次漂洗的水中加点啤酒。

洗黑色棉布衣服在最后一道漂洗时，如在水里加些咖啡或浓茶，可使有些褪色的衣服色泽如初。

将黑布衣服放入常青藤水中泡一泡或煮一下，就能使其颜色如初。

洗衣服不泛黄法 用温热洗涤剂洗后的衣服最好用同样温度的清水漂洗1～2次，然后再用冷水漂洗，这样洗的衣服就不容易泛黄变旧了。

洗紧身衣物法 洗紧身衣物要用碱性小的皂液，在温水里轻搓，洗净后用清水漂，注意在漂洗时加点糖，这样不仅能洗净衣服，还可使紧身衣耐穿，延长使用寿命。

洗过脏衣服法 将蛋壳捣碎装在小布袋里，放入热水中浸泡5分钟后捞出，用泡过蛋壳的水洗脏衣服会格外干净（1个鸡蛋壳泡的水可洗1～2件衣服）。

将脏衣服浸湿，在衣服的领口、袖口、袋口处挤上少量的洗洁精，过一会儿用手揉搓，可洗去脏衣服上的油污。

洗涤过脏的衣服，不是增加洗衣粉，而是增加洗涤的次数。洗1遍多加洗衣粉，洗净度是不会提高的，甚至会降低。洗2遍，每次用适量的洗衣粉，则会在第一遍基本洗净，第二遍洗得更干净。

漂洗衣物法 漂洗毛织物，可用3%浓度的双氧水，液量为织物重量的10倍，另加少许氨水使其带弱碱性，在一般室温下浸泡5～10小时，洗净后晾干。

用洗衣粉洗棉布衣服，很难漂洗干净，但在漂洗最后一遍时，往水中加一点醋，可中和残存在衣服上的碱性物质，衣服会更洁净。

用2%的保险粉（亚硫酸钠）液，加点醋，在温度为60 ℃的条件下漂洗锦纶织物最好。

洗印花床单法

刚买来的新印花床单要清洗后才能用。先在清水中浸泡一会再揉搓，洗去床单中的浆液，然后用较淡的洗涤液浸泡和洗净，晾干。如果担心印花床单会褪色，可先用淡盐水浸泡新床单，然后再按常规洗涤。以后洗床单时不能在洗涤液中浸泡过久或浸过夜，这样会影响床单的牢度和色泽。洗涤时可先把印花床单放在冷水或温水中浸泡一下，然后再放入肥皂水或肥皂粉溶液中浸泡洗涤，不要用温度太高的洗涤溶液浸泡洗涤。晾晒时宜将床单的反面朝外晾晒，不可暴晒，以免床单褪色和发脆。

洗绸缎被面法

绸缎被面如果不太脏以干洗为好，因干洗不易褪色，不变形，不搭色，不并丝起毛。干洗时，可先把汽油倒进盆里（1 升汽油可洗 3 条绸缎被面），被面放进汽油盆里用手淋洗或揉洗多次，看看脏污是否干净。如果没洗干净，再把被面的脏处放到平板上，用软棕刷轻轻地顺着丝刷，切勿横着刷，免得并丝起毛。淋洗后用白布或毛巾包裹好，用手轻轻拧一拧，晾干即可。

水洗绸缎被面，可先用 20～30 ℃的温水将洗衣粉在盆里溶解，将被面放到冷水中浸泡一两分钟，再放到洗涤液盆里淋洗或用手搓洗，操作一定要迅速，以减少褪色。浅色的线绨被面如较脏，可用洗衣机或搓板轻轻搓洗。手洗时，手要放松，不要用力过大。用洗衣机洗时，放慢洗 3～5 分钟即可。其他被面只能用手淋洗或揉洗，脏处可放到平板上用软刷轻轻地顺着丝刷洗，切勿横刷。刷后，再放到洗涤液中淋洗，然后挤净洗涤液，放到大约 30 ℃的温水中漂净水，用温水清洗 2 次后，再放到冷水中漂 2 次，最后一次水里放些米醋，将被面放在醋液中浸泡 2～3 分钟进行酸碱中和，以保护绸缎料的光泽。洗后，把被面放在毛巾被里包好，轻轻拧一下，阴干即可。

将丝绸被面浸入中性洗衣粉温水中，用手轻轻揉洗，然后用清水冲净，晾至八成干时，取下用电熨斗烫平整即可。

洗被里被单法

被里或被单常要接触人体，故其污垢主要是汗液或油脂等人体排泄物与尘灰的混合物。因此，在洗涤时，应先用清水浸泡半天，白色的床单最好头天晚上浸泡，次日早晨再洗更好。

浸泡过的被里或被单，拧去水分后，放入 60 ℃左右的洗涤液里，用手上下拎刷，然后再浸泡半小时左右，待水温不烫手时即可进行搓洗或刷洗，随即进行温水或凉水漂洗，至干净为止。洗后要用米汤上浆为好，用淀粉冲浆不要煮太熟，以七八成熟为宜。每条被里约用小麦淀粉 100 克，加 5 克增白剂，70～80 ℃的热水加至 5 升。被里浸入浆水内，应用力揉挤，务使整体均匀地沾上浆液。拧绞时不要太用力，免得干后出现浆块或浆条。浆干后织物面光滑不易弄脏，且若弄脏也易洗涤。

将被里或被单先用温水润湿，均匀地打好肥皂，轻轻搓揉几下，装在塑料袋里，放在烈日下晒 3 个小时，然后用清水冲洗一下，即可使其干净如新。

用洗衣机洗涤被单或被里等，最高洗衣量不得超过 2 000 克，并使用较低的脱水速度。当这类衣物混以大量的衣物同时清洗，或者用高速脱水，均会令衣物起皱。

印花被单要勤换勤洗，不能铺用过久，以免污垢固着，不易洗净。洗涤时先放在冷水或温水中浸透，再浸在肥皂水内洗涤，不可用沸水浸泡。刚刚铺用的新印花被单，洗涤时要用较淡的肥皂水且不能用力刷搓，因为上过浆，如肥皂水很浓或用力刷搓，印花可能随浆水一起被洗掉。当第二次洗涤时，因浆已在上次洗清，印花花纹不会掉色，因而可用较浓的肥皂水洗涤，但不能在肥皂水内浸泡过夜，以免碱质剥蚀色泽。被单在晾晒时，可反面朝外，不可暴晒，以免脆化和褪色。

除被里被单上斑点法

衣柜里的白色被里或被单，由于收存得太久，上面往往会留有斑点，很难洗去。如果在洗过后，被单上发黄的斑点仍未去除，可将被单放在草坪上晾晒。若干了之后，斑点还是没有完全消失，可以将斑点再弄湿，翻过来再拿到草坪上，让露水浸透一夜，如此，被单就会变得洁白了。

洗毛巾被法

洗涤毛巾被最好加适量洗衣粉轻揉，不宜用搓板搓洗。如用洗衣机洗涤，应开慢速挡，水要多些，尽量减少其在洗衣机桶内的摩擦。洗后将水轻轻挤出或用洗衣机甩干，不要用力拧绞脱水，也不要放在烈日下暴晒。

洗羽绒被法

用清水浸透羽绒被后拧干，然后浸入50 ℃左右的肥皂水中10分钟，取出放在板上拍平，再用刷子刷洗。如沾上了油垢，可撒上一点石碱，用刷子刷过后，清水过净晾干，拍打平整，切忌搓洗。

洗床罩法

将床罩在清水中浸泡一下，洗去浮尘。在一盆水中放适量洗涤剂调均匀，将床罩放入浸泡，30分钟后再用手轻揉一遍，然后将洗涤剂挤压干净，用清水漂净再挤压水分。反复多次就能将床罩洗干净了。床罩洗净后宜带水晾到竹竿上让其自然沥干，也可将床罩折叠后放入洗衣机中脱水甩干。若用洗衣机洗涤，应将床罩绒毛向内折叠后放入机内，选择"弱洗"方式洗涤。晾干后，只要用软刷子在正面刷齐绒毛即可，不需熨烫，可使绒面恢复立体感。簇绒床罩洗涤后不要用手拉或手拔的方式来整理，也不能让其接触粗糙或有棱角的物体。床罩也可用柔软剂浸泡一下，放入洗衣机脱水甩干。晾干后，只要略加抖动，绒毛就会恢复原样，手感极好。

丝绒床罩应先在清水中浸泡5分钟，再漂洗2次，挤出水分后放入低泡沫洗衣粉内，用手轻轻揉洗，也可用洗衣机弱洗3分钟，洗后甩干，注意不要拧绞。

清洁毛毯法

在洗衣盆中用中性皂片或高级洗衣粉化成20 ℃左右的淡皂液，待毛毯在清水中泡透了以后，轻轻提出，控去水分再放入皂液中，轻轻用手揉压。洗净后，再用清水反复漂洗几遍。如果是纯毛毛毯，在最后一遍漂洗时，可放入大约50毫升白醋，这样可使洗后的毛毯鲜艳如新。漂净后，将毛毯卷起，轻轻按压，排出水分，再用毛刷将绒毛刷整齐，刷完后注意将毛毯整成原来的方块形状。晾晒毛毯最好用两根竹竿平行架起，然后将毛毯搭在通风阴凉处晾干，切忌暴晒，以防毛毯褪色变形。晾干后的毛毯最好再用刷子刷一遍，以恢复毛毯原有的柔软手感和外观。

用开水将中性肥皂液稀释并加1汤匙硼砂，温度降到60 ℃后，把毛毯放入皂液，浸泡3～4小时，再在40～50 ℃的温水中轻轻揉洗，最后用温清水漂洗干净。如有洗不净之处，可用皂液加2汤匙松节油，调成乳状，进行洗涤。洗净后的毛毯任其自然干燥，至大半干时，可用不太烫的熨斗隔一层布将其烫干且熨平，再略加晾晒，使其全干。

大的毛毯或棉毯很难洗净，如在温水中加入少量氨水，尘垢就会很容易被洗去了。

毛毯上的污迹，可喷少量苏打水除去（事先应试一下毛毯是否褪色）。

将待洗的毛毯挂起，把附在毛毯上的灰尘和毛发拍掉；把毛毯叠成块状，大小要适合浴缸尺寸，较脏的一面在外；浴缸中加水，水深15厘米左右，倒入适量的洗涤剂；赤脚跨入浴缸，站在毛毯上双脚不断地踏洗。洗完后放掉浴缸中的水，用淋浴头把毛毯冲洗干净，然后再给浴缸加水，并倒入适量衣物柔顺剂，使毛毯柔软蓬松。随后放掉浴缸中的水，继续用双脚踩毛毯，将其中吸收的水尽量挤出后，取出展开，挂在两根晾杆上，呈“M”形晾干。

洗棉毯法

洗涤之前，可将棉毯放在冷水中浸泡2小时，每小时换一次水。把碱或洗衣粉化成浓度为5%左右50～60 ℃的洗涤液，排除水分后的棉毯在洗涤液内上下左右反复拎刷几次。然后在洗涤液内浸泡5～10分钟，再拎刷和浸泡。在较脏的地方可撒少量洗衣粉，用棕刷刷几下，最后用热水和温水各漂洗一次，再用清水洗两次。晾晒时不要悬挂，要平摊，以免棉纱断裂。待七八成干时方可挂起。棉毯完全干燥后，用藤拍均匀地轻轻拍打一遍，使绒毛松软，效果更好。

洗绒毯法

洗涤绒毯的方法与棉毯基本一样，值得注意的是：洗刷时，冲泡洗衣粉的水温度要低一点，别超过40 ℃。带色或带花的绒毯，不要在阳光下暴晒，以免褪色。干燥后，切勿用藤拍打，可拿软毛刷顺着绒轻轻将其表面绒毛刷起。

清洁腈纶毯法

将腈纶毯在冷水中浸泡半小时，然后放入40～50 ℃的中性皂片溶液中，洗时要不断翻动，漂洗时间一般不超过15分钟。由于腈纶毯耐磨性较差，洗涤时应轻揉轻搓，漂洗时同样不要猛搓，以防结球。洗净后甩干，如无甩干桶，可将其叠合后用手压出水分自然晾晒。半干时，将毯子抖动几下，使其绒毛松散，恢复其丰满外观。

清洁挂毯法

挂毯因挂在墙上，其脏污多系蒙上灰尘，使挂毯沾污变旧，影响美观。清洁挂毯时，可先用吸尘器吸去浮土，或垫一层湿毛巾，用木棍敲打，让毛巾吸去浮土。然后用乙醚小心地擦拭表面，挂毯的色彩就会重新鲜艳夺目。

洗涤挂毯时，在温水中加入少量的氨水，就很容易把挂毯上的污垢清除。由于有的挂毯是经过高温定型、高温黏制而成，用水洗涤很不方便，这时可以将精盐均匀地撒在铺平的挂毯上，再用干净的笤帚或毛刷清扫一下，笤帚或毛刷要边扫边清干净。用这种方法不但能清除灰尘，而且会使挂毯恢复昔日光彩。

洗白帆布法

想把白帆布洗刷得很干净，最好在洗刷完后，用白灰粉在帆布下薄薄地涂抹一层，如果用漂白剂来清洗，效果更好。涂抹白粉，要在晾干的半湿润的状态时进行才会有效果。

洗棉织蚊帐法

棉织蚊帐可用肥皂粉加些食用碱面进行洗涤。如被烟熏，黑迹较难除去，可用生姜片 100 克烫一盆姜水，将蚊帐泡在其内 3 小时，然后用手轻轻揉搓，黑迹即除。如再用增白洗衣粉清洗一遍会更加洁白。无黑迹的蚊帐在洗涤时，最好也选用增白洗衣粉。

棉织蚊帐脏污时，用肥皂粉加苏打粉就可洗涤干净。

纱布蚊帐因烟火熏成黄黑时，将半块肥皂削成小薄片并置于提桶中，把烧沸的开水倒入，随即用木棒搅溶肥皂后，将蚊帐放入浸泡至热水不烫手时搓洗一番，再用清水漂洗干净，蚊帐即洁白如初。

洗合成纤维蚊帐法

合成纤维蚊帐指的是涤纶、锦纶、维纶和丙纶蚊帐。洗涤这种蚊帐，首先用清水浸泡 2～3 分钟，洗去表面灰尘，再将洗衣粉 2～3 汤匙放入盛有冷水的盆中，溶解后放入蚊帐，浸泡 15～20 分钟，用手轻轻搓揉。不可用热水烫，否则会变形，用清水漂净后，挂在通风处晾干。

洗枕套法

发油或整发剂随着头发与枕头的接触会附着于枕套上，使枕套出现明显的油污。洗枕套时，往温水或热水中加入适量的洗涤剂，将枕套放入，浸泡 2～3 小时，即可将污垢除净。

晾晒与收藏丝棉被法

丝棉被是用纯正的桑蚕丝做成的，蚕丝是动物性蛋白质纤维，很怕在强烈的阳光下暴晒，因为暴晒后会使蛋白质变质，使蚕丝硬化，影响其使用寿命，可平放在温和的阳光下晒30分钟。

丝质棉被轻柔舒适，并且保暖效果也很好，盖起来特别舒服，不用时要收藏好。将晒过的丝棉被装入塑料袋，并将袋子的左右角剪掉，以便通风。

衣物除迹篇

除毛料服装上污迹法

毛料服装上有了污迹，平常只要用专门刷衣服的刷子或毛稍硬的刷子把衣服上的灰尘刷干净就可以了，如果有很脏的污点，可用橡皮慢慢地擦，也能把污点擦干净。

除呢子衣服上污垢法

选择一块既平整又干净的雪地，将脏了的呢子衣服正面朝下铺在雪地上，然后用藤拍打，就能将衣服上的灰尘除净。用以上方法，还可清洁地毯、围巾等物。

呢子衣服脏了，清洗时可用电熨斗帮忙。先拍打呢子衣服，然后平铺在桌子上，用一块浸湿的毛巾铺在呢子衣服上面，用熨斗熨烫，洗净湿毛巾后再反复熨烫几次，能使呢子衣服上的尘土被湿毛巾带走，再把衣物彻底晾干。呢子衣服不仅干净了，而且经过高温有利于防蛀。

将一块清洁的毛巾用温水泡湿，稍稍拧一下，对折后平铺在桌面上，双手抓住裤腰，对准平铺的毛巾，稍用力抽打裤子下摆，然后把裤子对折再抽打膝盖，最后抓住下摆调过来抽打裤腰。全部抽打完后，用熨斗垫着湿毛巾（不要太湿）烫一下裤线后晾好。注意在抽打时用力不要太猛，毛巾大小要适当，且抽打完一个部位就要洗一次。

毛呢服装穿久了会出现油光。用凡士林涂刷于光亮处，再铺上吸墨纸，用熨斗熨一下，油光即可除去且能恢复美观。

衣物去污法

去除衣服污迹时，宜在衣服的反面进行操作，采用由中心向周围清除的手法去污。

污点去除后，用清水洗净后再熨烫，不宜水洗的衣服用湿毛巾或湿布将其擦拭干净。

容易脏的部位，如袖口、领口、袋口及衣服的前襟处应先搓洗，然后再浸泡在洗衣液中进行全面洗涤，才可把衣服充分清洗干净。如果用衣领净之类的专用清洗剂清洗这些部位，可以很轻易地去除污垢，而且不伤衣服。

衣物浸泡在洗衣粉中应立即清洗，泡得太久，已经离开纤维的污垢会重新渗入纤维里，反而更难洗。洗衣后用剩的溶液已经变脏，不再具有去污作用，不宜再用来洗涤其他衣服，也不宜再添入一些洗衣粉洗其他衣服。

先洗去衣服上的浮尘再放入豆浆水中浸泡 30 分钟左右，搓洗漂净即可。

将皂角砸碎后用温水浸泡，即可用来洗衣服。

草木灰加热水浸泡，然后用细布或麻袋片滤出水来洗衣服，有相当于肥皂的去污作用。

用肥皂洗涤时可将衣物均匀地抹一遍肥皂，放入盆内，用较热的水泡 2 小时后即可开始揉搓。

用洗衣机洗衣服时，在最后一次漂洗时加点淀粉，不但能使衣服增加光泽，而且更加耐穿。

在温热的水里加入几滴花露水搅匀后，把刚漂洗干净的色彩鲜艳的棉织品和毛线织品放进去浸泡 10 分钟左右，然后放在阴凉通风处晾干，会使衣物的色泽更加鲜艳。

洗平纹棉面料衣服时，水中加一小袋明胶，会使衣服挺括、颜色鲜亮。

洗涤化纤衣服、窗帘或台布时，漂洗的水中加些白醋，能够减少其所带的静电，从而易于清洗。

较考究的衣服可装入用纱布或旧的纱质窗帘缝制的口袋内，用绳扎紧，再用洗衣机洗涤。

普通衣服上的细微灰尘难以刷除，如用拧干水分的海绵擦拭，就可以擦得十分干净。

在用洗衣机洗涤衣物前，先扣上衣服扣子，再把衣服反过来，纽扣就不容易脱落、损坏，也不会划伤洗衣机。

把蛋壳捣碎，装在薄布袋里，放入盆中，加热水浸泡 5 分钟左右。然后用这种水洗衣服，就能把衣服洗得格外白净。一般 5 个鸡蛋壳泡的水可洗 7～8 件衣服。

花布上的痕迹可先用稀释的双氧水擦拭，然后再用加有几滴氨水的水冲洗。

除衣物上动、植物油迹法

污染时间较短的动、植物油迹，可用开水冲化的碎肥皂搓洗。

用洗洁精原液搓洗后，再用清水漂净。

可挤些牙膏抹在油污处，用手抹匀，过几分钟后再用手轻轻搓，如此反复2～3次，然后用清水漂净。

先把洗发膏涂在油迹处搓洗一下，再用洗衣粉和肥皂洗。

衣服上沾了油污，应尽快在油污处滴一些柠檬汁，然后再用棉布或餐巾纸蘸水擦拭。如果没有柠檬，也可以用醋代替。衣服经过这样处理后，再用肥皂水洗，油污的痕迹就可以完全去除。

衣服上沾染了植物油迹，可将其污处浸入热水中，然后滴上几滴浓苏打水溶液，轻搓后挤出苏打水溶液，迅速用热水冲洗再放入凉水中漂净。

用餐时，衣服被油迹所污染，用新鲜的白面包轻轻摩擦，油迹就能消除。

丝绸衣服上有了油迹，可把滑石粉调成糊状敷在油迹处，停留一段时间后，除去滑石粉，再在衣服上垫上铝箔纸，用不太热的熨斗熨平。

衣服上沾了油迹，先将其浸泡在清水中，然后滴几滴风油精在污处，油迹即可除去。

取少量面粉，用冷水调成不干不稀的糊状，涂在油迹处的正反面，晒干后除去面块，油迹就会随面块而去。

用溶有食盐的碱水搓洗油污处，即能把油污除去。

把萝卜切后放到清水里煮，萝卜汁可将衣物上的油污去除。

把豆秸灰或稻草灰铺在油迹上，盖上白纸压一夜，第二天掸去，先用热米汤洗，然后用清水漂净。

衣服上沾了油迹，可用吃过的西瓜皮在油迹处蹭几下，稍等片刻后，用手轻轻揉搓一遍，如此反复2～3次，再用清水洗净，就可除去油迹。这种方法除对动物油外，对机械油、汗迹的洗涤效果也甚佳，除油迹后不留任何痕迹。

用嚼碎的甘蔗来搓洗。

取蛤粉或绿豆粉厚涂于油迹上，用熨斗熨烫30分钟左右，污迹即除。

用软布蘸煤油擦拭，即能除去油迹。衣服上的煤油味可用橘皮擦抹，再用清水漂洗，就可将煤油味去掉。

在油迹的正反面各垫一张吸墨纸，用熨斗熨烫一会儿油迹即除。

去除猪油污迹，用煮栗子的水洗效果不错。

深色衣服上的油垢，用剩茶叶水搓洗能除净。

吃饭时，如果不小心弄脏了衣服，可以在油污上滴一些醋，然后再蘸水擦拭。

将食盐溶解在酒精中，涂在油污处用手轻轻揉搓让其挥发，能使油迹消除。

牛、羊油污迹，用石灰水洗效果较佳。

牛油污迹可先用温度较高的水洗涤，再把1份柠檬汁与4份水的混合液直接涂在污迹上，然后用水冲洗。

衣服上有留了很久的油污，丢了觉得可惜，不妨把牛油或人造牛油涂在污迹上，30分钟后用清洁剂洗涤干净，这样，不论是多久的油污都能去除。

对于丝毛服装上的油迹，应用中性洗涤剂或较优质的汽油在局部擦洗。擦洗时，应从油迹的边缘擦向中间，先轻后重。对难以除去的陈旧油迹，还可用7份汽油、2份松节油、1份乙醚的混合液擦洗。

除衣物上黄油迹法

黄油的主要成分是脂肪，可用有机溶剂甲苯或四氯化碳擦拭，也可在洗涤剂溶液中加入酒精和2%的氨水进行洗涤。

除衣物上酱油、醋迹法

新鲜酱油迹，应先用冷水搓洗，再用洗涤剂洗。或者立刻拿湿的旧毛巾来拍打污垢部位，再用冷水或温水搓洗，最后用肥皂与洗涤剂去除。

被酱油污染时间较长的衣物，要在洗涤液中加入适量的氨水(4份洗涤溶液中加入1份氨水)进行洗涤。

可撒少许白砂糖于温水中，搓洗后用清水漂净。

用煮萝卜的水洗。

涂上藕汁污迹即消，然后用清水漂净。

可用酒精溶液擦洗。

用2%的硼砂液擦洗。

衣服上的酱油迹及醋迹，可先用氨水擦洗，再用少许草酸液擦洗，用清水漂净，就能除去上述污迹。

毛织品与丝织品上的陈旧酱油迹不宜用氨水洗涤，宜用10%的柠檬溶液擦拭，或者用白萝卜汁、白糖水、酒精洗刷除去。

衣服上有了酱油等污斑时，可将衣服浸湿，涂上苏打粉，10 分钟后用清水洗净，斑点就能除去。

将沾上污迹的地方浸湿，撒上 1 勺白糖，用手揉搓，冲洗后即可去掉酱油迹。

除衣物上酒迹法

新沾染上酒迹的衣物，应立即放于清水中搓洗。

用藕汁擦拭。

如果白衬衣上留下了酒迹，用煮开的牛奶擦拭即能去除。

白棉布上沾有啤酒时，可将布泡在按 1 份漂白粉加 14 份清水的比例配成的混合溶液中，几分钟后，把布拿出来再放在加有几滴氨水的水中洗净。

时间久了的陈迹，可先用清水洗涤，再用 2% 的氨水和硼砂混合液搓洗，然后用清水漂洗干净。

用肥皂水 10 份、松节油 2 份、氨水 1 份的混合液擦拭，然后用清水冲净。

黄酒的陈迹，用清水洗后，再用 5% 的硼砂溶液及 3% 的双氧水揩擦污处，最后用清水漂净。

先用酒精将污迹处浸湿，加甘油轻擦，约 1 小时后，用醋酸或氨液反复搓洗，再漂净。

用柠檬汁和盐揩擦。

如果色布上有酒迹，可用加有氨水的凉水擦洗。

若衣物上有了啤酒、清酒或威士忌这类酒迹，可用棉花棒蘸清水揩擦脏污处，再用干布擦去水分，然后用刷子蘸中性洗洁精刷洗。

羊绒衫上沾了酒、香水，为防止扩散，应先撒些盐在上面，再用软刷刷掉，最后用旧毛巾蘸洗剂、酒精擦拭。若羊绒衫沾上啤酒，先用湿毛巾轻擦，后用温水、中性皂洗去，或用稀释了 100 倍的醋酸液洗去。

衣物上的葡萄酒迹，可用棉花棒或布蘸消毒酒精后拍打脏污处，再用适合布料的漂白剂漂白。或者将旧毛巾蘸湿后重复拍打污迹，等颜色褪去，再用洗洁精刷洗。

在热肥皂水中加一点白醋或氨水洗涤。

对于不可洗的纺织品，白酒迹可用海绵蘸 5% 硼砂溶液揩擦，啤酒迹可用海绵蘸甲醇揩擦，酒精迹可用海绵蘸热水揩擦，然后再用清洁布揩干。

如果皮革服装上有了酒迹，可先用软木塞蘸点温水小心地擦拭，然后再用松节油轻轻地清洗，最后打上与皮革服装颜色相同的蜡就可以了。

除衣物上瓜果汁迹法

刚沾上的瓜果汁迹，可先撒些食盐于污迹处，再用水把它浸湿，然后浸在肥皂水中轻轻揉搓，最后漂净。

用温水和肥皂搓，强力去除。

用干淀粉覆在污迹处，留置1小时后刷去，再洗涤。

用醋反复揉搓。

变味的牛奶能去掉花衣服上的水果汁迹，在痕迹处涂上牛奶，过几个小时再用清水洗，就能洗干净。

合成纤维衣物上的水果汁迹，可先在痕迹的下面垫上一块吸水布，然后用棉球蘸上柠檬汁擦拭就可以了。

陈迹可用5%的氨水溶液进行擦洗，然后再用洗涤剂搓洗。

如织物为白颜色的，可以在3%的双氧水溶液里加入几滴氨水，用棉球或布蘸此溶液将污处润湿，再用干净布揩擦，阴干。

用5%的次氯酸钠水溶液揩擦污处，再用清水漂净；处理陈迹可将衣物浸泡在此溶液中，过1～2小时后再刷洗，用清水漂净。

衣服上的水果和瓜汁，可取少许面粉敷污处，10分钟后，用熨斗熨烫，即能除去。

丝绸衣物可用柠檬酸或肥皂、酒精的混合液擦洗。

由于桃汁含有高价铁，可用草酸溶液除去。

柿子汁迹很难除掉，所以沾上柿子迹后，应立即用葡萄酒加些浓盐水揉搓，再用温热的洗剂溶液洗涤，用清水漂净。

先将卫生纸或面巾纸蘸水，轻轻拍打污迹部分，等到颜色变浅，再浸泡至清洁剂中。

用干布将果汁擦干后再用棉球蘸酒精擦洗，化学果汁可用中性洗涤剂清洗。

如不小心将葡萄汁滴在棉布或棉的确良衣服上，千万不要用肥皂洗。因为用碱性物质洗不但不能褪色，反而使汁迹颜色加重。应立即用食醋（白醋、米醋均可）少许，浸泡污迹数分钟，然后用清水洗净，不留任何痕迹。

衣服溅上了番茄汁，可将适量的维生素C注射剂涂在污迹处，褪去污迹后再用清水漂洗干净。

羊毛织物、呢绒、丝绸等衣服沾了果汁，不可用氨水洗，可用酒石酸溶液揉洗中和果汁中的有机酸，然后按常规洗涤方法洗净。

果类的陈迹可先在35 ℃左右温甘油液中浸泡1～2小时后再用温皂液刷洗，衣服依旧艳丽如新。

除衣物上果酱迹法

衣物上的果酱迹，可用水湿润后，取洗发液擦洗，再用肥皂、酒精的混合液清洗，用清水冲净。

番茄酱迹可先刮去印迹，再用温洗涤液清洗。也可先把衣服浸湿后，再用甘油浸润半个小时，刷洗后再用肥皂洗。

色拉酱迹，用1份柠檬汁与4份水混合后涂在污迹上，污迹消退后再用水冲洗。

除衣物上菜汤迹法

新迹可用加酶洗衣粉的温水溶液洗涤，污染面积大时可浸泡30分钟后再揉洗，然后用清水漂净。

先把汽油涂于较陈旧的污迹处，擦去油脂，再用20%的氨水溶液搓洗，然后用肥皂或洗涤剂揉洗，再用清水冲净。

先用30℃的甘油溶液润湿，再用刷子刷洗，10～15分钟后，再用棉球蘸热水擦去甘油。

用硫磺香皂擦洗。

除衣物上牛奶迹法

衣物上新沾的牛奶迹，千万不能用热水洗，只能用冷水洗。

细软织物上的牛奶迹，可将其浸在等量的甘油和热水的溶液中轻轻擦洗，当污迹化开后，用温肥皂水洗涤。

在冷水中放少许食盐搓洗衣服，然后用清水漂净即可。

衣服上沾上了牛奶迹，可将胡萝卜捣碎，拌上盐，涂在牛奶迹上揉搓，再用清水漂净。

较陈旧的牛奶迹，可用刷子蘸汽油涂擦污处，去其油脂，然后用稀氨水溶液揉搓，待污迹去除，再用肥皂揉搓，最后用清水冲洗干净。

将污迹处浸入甲醇溶液中约2分钟，然后用肥皂液洗涤。

除衣物上乳汁迹法

新乳汁迹可用面巾纸擦去污物，接着立即用冷水（千万不能用热水洗，因为热水会使乳汁中的蛋白质凝固，反而难清除）漂洗2次，然后用苏打水浸泡一段时间，再用加酶洗衣粉洗涤后用清水漂净。也可将沾上乳汁的衣物立即泡入冷水内5～10分钟后，在污迹处擦些肥皂轻轻揉搓即除。

较陈旧的乳汁迹可用小刷子蘸汽油涂擦污处，去其油脂，然后把污迹浸泡在 1 份氨水、5 份水的混合溶液中轻轻揉搓，污迹去除后用温洗涤液洗一遍，再用清水漂洗干净。

把胡萝卜捣碎拌上盐，涂在沾有乳汁迹的衣物上揉搓，再用清水漂净。

先用生姜揩擦，然后用冷水搓洗，可不留痕迹。

除衣物上咖喱油迹法

用旧牙刷蘸酒精加洗涤剂刷洗。

取 5%浓度的次氯酸钠溶液，用刷子刷洗，再用清水洗净。

先用水润湿，再用含盐的皂液洗。必要时可涂蛋白酶化剂，30 分钟后用清水漂洗。

丝、毛织物上的咖喱油迹，可用稀醋酸洗。或用水润湿，放入 50 ℃的温甘油中刷洗，再用清水漂净。或用含氨水的浓皂液擦洗，再用清水洗。必要时再用 3%的双氧水溶液擦洗。

棉质衣服用漂白剂漂白，浸于草酸液中，可使咖喱颜色稍微轻淡，从草酸液中拿出衣服后，还要用水冲洗，将草酸气味除去。

真丝、羊毛织物及其他化纤织物，染有咖喱油迹时，可先用水润湿，再用加有盐的肥皂液擦洗。

除衣物奶油迹法

奶油类食品的陈迹，可先用棉签蘸汽油擦拭污处，待汽油挥发后再用 5%的稀氨水溶液搓洗几分钟，接着用洗涤剂洗净。

除衣物上蟹黄迹法

衣物上沾上了蟹黄迹，应及时除去。可立即用煮熟的蟹上的白鳃搓揉，然后在冷水中用肥皂清洗，就可除净。

除衣物上蛋迹法

蛋液新迹，可放在冷水中浸泡一会儿，再用手轻轻揉搓，然后用水洗净。亦可将污迹处浸入含酶洗衣粉的热水溶液中洗涤。

清除蛋清迹时，可用洗涤剂或氨水洗。

用新鲜的萝卜丝擦洗；还可用稍浓的茶水洗，再用温热的洗涤液洗。

清除蛋黄迹时，可用汽油之类的挥发性强的溶剂去除脂肪，再用清除蛋清迹的方法处理。

取 35℃左右的甘油进行揩拭，然后再用温水和肥皂、酒精的混合液刷洗，最后用清水漂净。

丝织品上的蛋黄迹，清除时可将 10％的氨水 1 份、甘油 20 份、水 20 份混合，然后用棉球或纱布蘸该溶液揩擦，再用清水漂净。对于不可洗的纺织品，用海绵蘸含酶洗衣粉的溶液揩擦污迹。

清除蛋黄油污迹时，由于其中主要成分是脂肪，故要用苯、四氯化碳及挥发油等擦洗。如黄色擦不净，可用酒精或氨水再进行清洗。

除衣物上肉汁迹法

陈旧的或较严重的污迹，可将衣物浸在冷盐水与氨水的混合液中，然后用冷的浓肥皂水洗涤。

先用小刀刮去表面的油腻，浸入冷水中，再用洗洁精洗污迹处，最后用温水冲漂白粉洗涤。

衣服沾了肉汁迹，可用洗涤剂洗涤或用海绵蘸着揩擦。注意：不能用热水洗涤肉汁污迹。

除衣物上可乐污迹法

衣服染上了可乐污迹，应该立刻用冷水或中性洗衣剂清洗。残余污迹可进行漂白处理。

除衣物上茶、咖啡和可可迹法

沾上茶迹的衣物若是毛料的，应采用 10％的甘油溶液揉搓，再用洗涤剂搓洗，最后用清水漂洗干净。对于不可用水洗的纺织品，可用甘油揩擦污迹并留置 1 小时，然后用海绵蘸四氯化碳或甲醇揩擦。

如果衣物被这些饮料污染，立即用 70 ℃左右的热水洗涤，便可除去。

衣物沾上的陈旧茶迹，可以用浓盐水浸洗，也可用灯心草煎汤后再加少许食盐来洗。

将一点小苏打放在茶迹处，用干净的布来回擦洗(加一点水)，很快可将污迹除去。

不小心将杯中的咖啡洒在白色的衬衣或 T 恤上，可尝试用苏打水擦拭污迹，污迹一会儿就消失了。

白色织物刚沾上污迹，可用沸水冲洗。如果必要可以漂白，并在最后清洗时加一点醋。

白衣服上沾的茶迹，可用肥皂水洗。若洗不掉，再加几滴柠檬汁，然后用清水漂洗干净。

有色织物可用海绵蘸热的硼砂溶液用力揩擦污迹(硼砂溶液为5%)。

陈旧茶迹、咖啡迹、可可迹，可用甘油和蛋黄混合溶液擦拭，稍干后，再以清水漂净。

衣服上沾上咖啡迹或茶迹，可将同等分量的酒精和白醋混合，然后以浸过这种溶液的布轻轻拍打污处，最后以吸水性较好的布轻压，污迹可消失。

一旦衣服溅上了咖啡，只要在该处撒点食盐就可以去掉痕迹。

花布衣服上沾有咖啡迹，可在少量温水中磕1个蛋黄，调匀后抹在痕迹处，然后用温水洗净。

棉质衣服沾有咖啡迹时，先用油性除污剂进行简单的处理，待溶剂蒸发干燥后再使用中性洗剂进行水溶性处理，视色素残留情况，再进行氧化漂白处理。

普通衣物上的咖啡迹，先将热水淋湿于污迹上，再用肥皂清洗即可。用热水清洗污处，若不能洗净，再用3%的双氧水擦拭，然后再用清水洗涤。或者用浓盐水洗刷，再用水漂净。新的咖啡迹要立即用热水搓洗。

羊绒衫上的咖啡迹，可用毛巾蘸水拧干及时擦掉，若加有伴侣或牛奶，加少量洗涤剂擦拭。如滞留已久，则以醋擦拭。白衣服上的咖啡迹，可用漂白剂或酒精擦拭。

衣服上的可可迹，一般的用水就可以洗掉，如水洗不掉，可以用丙酮或汽油擦拭。难以去除的可可迹，可用棉球蘸过双氧水溶液(1汤匙双氧水加1杯水)擦除。

白色或浅色织物上的可可迹，可用氨水溶液去除(1汤匙氨水加半杯水)，或把氨水、松节油及水混合起来使用，比例为1∶20∶20，然后再用水洗去残迹。

除衣物上糖迹法

衣物上的口香糖迹，可先用小刀刮去，取鸡蛋清抹在污迹上使其软化，再逐一擦净，最后在肥皂水中清洗，漂净。

一旦衣服上不慎沾上了口香糖不易清除，只要把衣服放在电冰箱冷藏室里一会儿，或者用冰块擦拭，使其冻硬，再用牙签一刮就去掉了。用挥发油或是修指甲的除光液，即可将衣物上的口香糖垢去除。

衣服上沾有巧克力、糖迹，可用松节油擦拭。

消除衣服上的巧克力痕迹，可用甘油洗刷，然后在衣服两面垫上吸水纸。这样，巧克力油脂就会被吸水纸吸收。

用四氯化碳涂抹污处，搓洗后再置于肥皂水中清洗，漂净。

清除乳脂糖迹时，可把被污染的织物浸入热水中，使糖慢慢溶化。如果污迹难以除去，可在水中加几滴甲醇和少许白醋，污迹清洁后再用清水漂净。

先用海绵蘸冷水擦洗（千万不要用热水洗），然后用海绵蘸 5%的硼砂溶液揩擦。

巧克力迹，可用毛巾蘸温水拧干，使用抓取的方式擦拭，再用酒精清洗。

衣服上沾上了泡泡糖污迹，可用凉水将污处润湿，涂上少许苏打，3～5 分钟后轻轻揉搓，便可将污迹去除干净。残留的泡泡糖迹可用酒精或汽油擦洗。

奶糖、饴糖污迹，可用毛巾蘸水反复擦拭。或用萝卜碎末以及酵素粉涂擦，10 分钟后用热水洗。

除衣物上冰淇淋迹法

衣物上不小心滴上了冰淇淋，可用汽油擦净，再用肥皂水洗涤、清水冲净。

可用四氯化碳润湿，或用蛋白酶处理，然后用清水漂洗干净。

新迹可用加酶洗衣粉温水溶液洗涤，30 分钟后用清水漂净。陈迹可先把汽油涂于污处，擦去油脂，再用 1∶5 的氨水和水的混合液搓洗，待污迹除掉，再用肥皂或洗涤剂洗一遍，用清水漂净即可。

除衣物上蓝墨水迹法

墨水刚刚染到衣服上，要立即放进清水中搓洗，浸 4～6 小时，再用肥皂清洗，一般可以洗干净。

新染上的蓝墨水，可先将衣物在清水中浸泡一会儿，反复用手搓洗，然后用漂白粉洗刷，清水冲净。

用 10%的氨水和食碱溶液或用加热过的 10%的柠檬酸溶液作去污剂，取棉球蘸此剂在污迹处轻轻揩拭，然后用清水洗净。

如是旧迹，可将被污染的部分浸在去污剂中，使溶剂有充分时间溶解污迹。

用水或酒精揩擦污处，如洗不净，再用 2%的草酸溶液清洗。

对于已干的陈旧蓝墨水迹，可先把衣物洗干净，再用 2%～5%的草酸溶液浸泡（溶液温度为 40～70 ℃，浸洗时间为 10 分钟左右），然后用洗涤剂洗，清水冲净。如仍洗不净，可把墨水迹处浸在高锰酸钾溶液里搓洗，或用10%的酒精溶液洗除。

染在有色织物上的蓝墨水新迹，可用掺有甘油的变性酒精来揩拭。旧迹可试用1%～3%的高锰酸钾溶液揩拭，然后用10%的草酸溶液除去高锰酸钾的褐色，并立即用清水漂净。

用食醋溶液浸洗。

用浓牛奶搓揉浸洗，对去除蓝墨水迹也有一定效果。

细薄的有色织物，可先用浓盐水浸一下，再涂上酸牛奶，半小时后再用含氨的皂液洗。

衣服上的墨汁陈迹，先用温水刷洗，再取1∶2∶2的酒精、肥皂、牙膏混合糊状物涂于污处，用手搓揉，清水漂净。

当丝绸、毛呢被油或纯蓝墨水污染后，可将脏处用水浸湿，撒上一点显影粉，再用手轻搓。此法亦适合化纤、棉布等衣物。

绢质衣服沾上的墨水，在墨水污垢下面垫上化妆纸（吸水纸更佳），用湿布盖上拍打，使污垢移到所垫的纸上。一般的应急方法是能去除多少就算多少，然后即刻送去干洗，这也不失为一种简便的方法。

可用一片维生素C药片，捣碎后随同衣服一起洗，蓝墨水迹就能清除。

用清水洗后再用牛奶加几粒米饭搓洗，然后用洗洁精洗，即可除去墨迹。

普通衣服上的墨水迹，可用柠檬擦洗，然后再用清水洗干净。

可用10%的氨水和苏打水溶液作去污剂，用棉球蘸湿在污处轻拭，清水漂净。

除衣物上红墨水迹法

先用40%的洗涤剂溶液清洗，再用10%的酒精揩擦，然后用清水漂净。

先用6%的高锰酸钾溶液洗涤，后用草酸溶液洗去高锰酸钾的褐色，再用清水漂净。

用氨水和酒精混合液揉洗。

用硫磺皂洗涤，对去除红墨水迹也有一定的效果。

在污迹处涂上芥末，过几小时，污迹就可消失。

用少量的醋搓洗。

衣物上沾有红墨水时，先用热水冲2次，再以纱布包裹萝卜碎末，拍打污处，最后用洗衣粉洗涤。

除衣物上碳素墨水迹法

衣物上沾上了碳素墨水迹，可用硫磺皂反复涂擦搓洗；也可用米饭粒搓擦，然后再用肥皂和温水搓洗。碳素墨水迹较难除净，需反复多搓洗几次。

除签字笔墨水、奇异墨水迹法

衣服上的签字笔墨水、奇异墨水迹，可用蘸有挥发油的布轻轻地擦除。反复轻擦时，应注意不可伤及布料。开始使用时，最好以同一布料的一端做试验，看看能否将污垢去除。

除衣物上墨迹法

衣物刚染上的墨迹，及时趁湿用冷水搓洗，即可除去。

用米粥或面糊加一点食盐放在墨迹处反复搓洗几次，墨迹便会附在饭粒上，同时再用纱布或脱脂棉等揩去污物，然后用洗涤剂洗，清水冲净。

用4%的苏打液刷洗。

用相等分量的稻谷和菖蒲研成粉末，用水调成糊状，涂在污迹处，晾干后搓去粉末即可。

取白果研成粉状，在污迹处搓揉。

用牙膏加肥皂搓洗。

用枣肉或灯心草揉洗。

取杏仁、半夏和鸡蛋一起捣成泥，涂于污迹处3～5分钟后搓洗。

陈迹可先用温洗涤液洗一遍，再取酒精1份、肥皂2份、牙膏3份制成的糊状物涂在污处，用手反复揉搓。

可用嚼烂的红枣涂于污处，揉搓后再用清水洗。

取几片维生素C药片蘸水擦抹，可反复数次。

将衣物放在清水里尽量搓洗干净，然后取几粒米饭拌和一些食盐，放在墨迹处搓洗，再放到清水里搓洗。一次墨迹未除净，可重复洗几次。

把浓盐酸、淀粉、酒精按1∶1∶1的比例配成“褪墨灵”。先用汽油擦洗，再涂上“褪墨灵”，即可除去墨迹。

除衣物上圆珠笔油迹法

将污迹处浸在40 ℃左右的温水中，用苯揉搓或用棉球蘸苯擦洗，然后用洗涤剂洗，再用清水冲净。

用冷水浸污处，再用四氯化碳轻轻揩擦。

用丙酮揩拭，再用洗涤剂洗，温水冲净。

取洗洁精原液涂擦，揉搓漂洗。

将污迹处用洗发液浸透后，再将食醋加水稀释并用刷子轻轻刷洗干净。

污迹较深时，可先用汽油擦拭，再用95%的酒精搓刷。若尚存余迹，还需用漂白粉清洗。最后用牙膏加肥皂轻轻揉搓，再用清水冲净。千万不要用开水泡。

如污迹不重，可先用汽油搓，再用香皂洗，污迹可除去。如污迹较深，则先用汽油擦，然后再用酒精擦洗。

在沾上了圆珠笔迹的衣服下垫一块毛巾，用一团棉球蘸上煮沸的牛奶在污迹处反复擦拭直到污迹消失。

在污迹处下面放一块毛巾，用旧牙刷蘸上酒精顺丝轻轻刷洗，待污迹溶解扩散后，泡在冷水中，抹上肥皂轻轻刷洗两三次，基本上能除去圆珠笔油。如果洗后还留有少量残迹，再用热肥皂水浸泡可洗除。

除衣物上毡头笔油墨迹法

在污迹上滴上少许甲醇或四氯化碳溶液，当油墨迹溶化时，用浸有酒精的布揩擦，用干净的布重复这个过程，直至污迹消失。

除衣物上复写纸、蜡笔迹法

先在温的洗涤液中搓洗，后用汽油冲洗，再用酒精擦拭。

取一盆清水，滴上少许洗洁精，再放入沾有污迹的衣服，略加搅拌浸湿，再浸泡1～2小时，然后揉洗，即能将污迹洗净，不留一点痕迹。

在湿布上挤些牙膏，可擦掉碳铅或彩色蜡笔的污迹。

用煤油搓洗。

除衣物上油墨迹法

一般的油墨迹，可用汽油擦洗，再用洗涤剂洗净。

将被污染的织物浸泡在四氯化碳中揉洗，再用清水漂净。若遇清水洗不净时，可用10%的氨水溶液或10%的小苏打溶液揩拭，再用水洗净。

先将洗洁精原液倒在污迹上，用水搓揉；如油墨沾得较多，一次洗不掉，可以再倒一点，然后搓揉或用刷子刷，直到全部擦净；再用清水漂洗。

用等份的乙醚、松节油混合液浸泡，然后用汽油洗去。

先用温药皂液浸泡几分钟，再用洗洁精搓拭，清水漂洗。

除衣物上蜡油迹法

尽量用小刀将蜡刮掉，余迹用四氯化碳揩拭，使其溶解后，再用清水冲净。

将衣物翻过来，在蜡迹的正面垫衬上两三张吸水纸(易吸水的卫生纸亦可)，然后用温热的熨斗在蜡油迹的反面熨烫，使蜡受热而融化并被纸所吸收，反复几次即可除净蜡油迹。

把蜡油迹处浸在汽油中即可去除。

将纸盖在蜡油迹处，以低温熨斗熨烫或用装入开水的杯子熨烫，使油让纸吸去。

除衣物上印泥油迹法

先用苯除去油分，再用洗涤剂洗。

对于红色颜料，可在加有氢氧化钾的酒精里洗除。若印迹实在除不净还可漂白。

当毛料衣物上沾了印泥油时，应先用热水或开水冲洗，然后用肥皂水冲洗，再用清水漂净。千万不要用凉水洗，因为用凉水洗会使颜色浸入纤维，很难再洗净。

用温热的皂液浸泡 10 分钟后洗，然后再用 95%的酒精擦洗。

用松节油充分湿润后，再用肥皂、酒精的混合液刷洗，最后用汽油揩拭。

用汽油和肥皂的混合液轻搓，使其溶解脱落，再用肥皂水擦洗后漂净。

除衣物上改正液迹法

将酒精滴在有改正液迹的地方，再用清水洗净。

除衣物上口红迹法

先用小刷子蘸汽油轻轻刷擦，去净油脂后，再用温洗涤剂溶液洗除。

刚沾上的口红迹，可立刻用纱布蘸酒精擦拭，然后放在加有洗涤剂的温水中搓洗，就可将口红迹完全洗净。

衣服沾上了口红，如用水洗，不但去不掉，反而会使污点越来越大。如果用牛油来擦拭，便能去掉口红污迹。

除衣物上唇膏迹法

用钝刀尽可能多地刮去唇膏，然后放在热的不含肥皂的洗涤液中洗涤。严重的污迹，可在洗涤前用甘油揩擦。

衣服上沾有唇膏、化妆品、指甲油时，以浸过松节油的软布擦除。

除衣物上指甲油迹法

用海绵蘸丙酮或去指甲油剂揩擦新鲜的污迹，再用干净的布揩擦，直到污迹被擦除。

用一点四氯化碳把人造丝织物和三醋酯纤维织物上的陈旧污迹弄湿，然后在软化了的污迹上滴一点醋酸戊酯，再用干净的软布揩擦。除了人造丝织物和三醋酯纤维织物之外，丙酮可在其他织物用过四氯化碳后使用，最后用热肥皂水洗涤。

对于不可用水洗的织物，污迹处可用甲醇轻揩，再用软布揩干。

将白醋或柠檬汁直接涂在污迹上，再用松节油擦，然后漂洗干净，千万不要用油性指甲水擦。

除衣物上化妆油迹法

棉布、化纤服装、白色织物上的污迹，可先用10%的氨水溶液润湿，再用4%的草酸溶液擦拭，然后用洗涤剂洗涤。

染色织物上沾上了化妆油迹，可先用酒精或汽油擦拭，再用清水洗。

先用氨水除去，然后用水洗净，再用3%的双氧水溶液擦洗。

除衣服上眉笔色迹法

衣服沾上了眉笔色迹，可先用汽油将衣服上的色迹润湿，再用加入数滴氨水的皂液洗除，最后用清水洗净。

除衣服上胭脂迹法

先用汽油润湿污迹，再用含氨水的浓皂液或洗发香波洗，最后用汽油擦，直至擦净为止。此法效果良好。

除衣物上香水迹法

新沾上的香水迹，可立即用热水洗涤。

对于干的污迹，可用甘油揩擦，然后再用清水洗净。

对于不可用水洗的衣物，可用甘油擦于污迹处并留置1小时，然后用海绵蘸热水擦洗。

除衣物上发膏迹法

发膏的主要成分是脂肪。可用挥发油（如汽油等）或四氯化碳洗除。陈旧污迹可先放在水蒸气上使其变软后再洗除。擦洗时，下面要垫旧布或吸水纸，避免油脂扩散。

除衣物上染发水迹法

衣物上有染发水迹，可将衣物放在水中润湿，在污迹处用温甘油刷洗，然后用清水漂洗，再滴上几滴10%的醋酸洗液，晾干后染发水迹就能除去。

用次氯酸钠或双氧水对污迹进行氧化处理，即可除去污迹。

除衣物上发油迹法

衣物上沾的发油迹，可先用酒精擦拭，再用挥发油揩拭干净。

除衣物上粉垢法

在穿脱衣服时不小心沾到脸上的粉底或彩妆，造成领口处脏污时，由于脸上抹的保养品如面霜或是化的妆，多数是些油溶性的物质，因此可以使用如汽油等挥发制品，在脏污处做大范围的擦拭，再用牙刷蘸点厨房用的清洁剂做彻底的刷洗，就能轻松去除脏污了。

除衣物上凡士林油迹法

处理衣物上的凡士林油迹，可用10%的苯胺溶液，加上少许洗衣粉揩拭污迹处，再用水洗净即可除去。

除衣物上鞋油迹法

可用汽油或酒精擦拭，如擦不净再用含氨水的浓皂液洗除，使用丙酮擦拭亦可。

白色织物如沾上了鞋油迹，可先用汽油润湿，再用10%的氨水溶液或含氨水的浓皂液清洗，最后用酒精擦拭。

用松节油除去衣服上的皮鞋油污，然后用洗涤液洗去残痕。

除衣物上机械油迹法

取米糠50克,用水淋湿,撒在油污处,用力揉搓,然后再用清水漂净。

用洗洁精清洗。

衣物上沾染了机械油污,临时应急措施是用粉笔涂,然后再用刷子刷,最后用洗衣粉就好洗了。

如被浅色机械油污染,可先用汽油洗刷,然后在衣服油污处的上下各垫一块吸墨纸,然后熨烫,直至油污被吸尽为止,再用洗涤剂清洗。重油的油污,须用优质汽油清洗。

先用松节油、碱水或汽油擦拭,看看有无扩散,然后以热熨斗熨压,让油迹渗在纸上。若仍有余迹,应用四氯化碳抹除,最后放入洗衣粉水中洗涤。印刷油墨亦可照样处理。

被无色或浅色轻油污染,可将被污染衣物浸在汽油内用手轻轻揉搓,取出后用旧毛巾或旧布擦拭干净,亦可用汽油洗刷。在用软毛牙刷蘸汽油顺布纹刷时,将衣物上下分别垫上吸墨纸(过滤纸、毛巾等亦可),刷毕,即用熨斗熨烫,直到油污被吸净为止,最后用洗涤液冲洗,清水漂净。

除衣物上烟筒油迹法

若是新迹,要速取炉灰一小撮,均匀地撒在污处,待片刻清去炉灰,烟油自掉。若是陈迹,可先用清水浸湿油迹处,然后再取炉灰适量撒在上面,干后油迹即除。

将蛋黄和酒精调成糊状,然后用其擦除污迹。先用温水,后用热水再洗一遍。

烟筒油滴在衣服上,要马上把衣服脱掉浸泡在水中,避免与空气接触而产生氧化作用。将草酸末撒在污迹处,反复搓洗,直至基本除净,再用洗衣粉继续洗净,最后用清水漂洗即可。

刚滴在衣服上的烟筒油迹,可立即在汽油内揉搓。如有黄色斑痕,再用2%的草酸液除去。注意:操作要快些,污迹不要在草酸液内停留时间过长,以免影响衣服的颜色。去除后还要用温热的洗涤液洗净。

先不要用水洗,用棉球蘸汽油(苯、丙酮均可)反复搓擦。从外部往中间擦洗,避免污迹扩大,然后把污迹处浸入温热的纯碱水中清洗,再用温水漂净。如擦洗后仍残存黄色斑迹,可取草酸结晶碾成粉末,试撒少量于湿处,细心搓揉,直至痕迹消失为止,最后用清水冲洗干净。

较陈旧的污迹,可取10%的柠檬酸溶液1份、草酸溶液1份,加入20份水制成混合溶液,加热后涂在油迹上,略等片刻,用清水漂洗干净。

在松节油中放一点蛋黄擦拭。但白色衣物会留下铁锈色的斑迹，这时可用10%的草酸溶液浸泡，直到斑迹消失，再用清水漂净。

除衣物上烟油迹法

衣物沾上了香烟、旱烟等烟嘴内的油腻污迹，可先用50 ℃的甘油刷洗，再用碱水洗除。

新迹可立即用汽油擦洗，或用温肥皂水、温洗衣粉溶液洗除。

用西瓜汁少许擦洗。

衣服上的烟油迹，西瓜皮可擦去，也可把西瓜子地捣烂后搓揉油迹处。

衣服沾上烟油，要迅速地将一小撮草木灰均匀地撒在污处，等片刻再除去草木灰，烟油迹即消除。

用大米或瓜子(西瓜子、冬瓜子)捣烂后搓揉油迹处。

陈迹可用2%的草酸液洗除，或用盐酸、亚硫酸钾的水溶液洗除。

丝毛衣服上的烟油迹可用中性洗涤剂或用较优质的汽油在局部油迹处擦洗。应从油迹的边缘向中间擦，先轻后重地擦。若丝毛衣服上沾的是陈旧油迹，可用2份松节油、7份汽油、1份乙酸的混合液擦洗。

除衣服上烟碱迹法

衣物上的烟碱迹，用软布蘸上95%的酒精擦拭即可。

除衣服上煤焦油迹法

在油迹下垫上吸水纸或干燥的旧毛巾，用棉球蘸汽油或苯、丙酮反复擦拭(要由外向里擦拭，以免污迹扩大)。然后浸在温热的纯碱水中洗涤，再用温水漂净。如擦洗后仍残存黄色斑迹，可取少量草酸结晶碾成粉末，撒于湿的污迹处，细心搓揉，直至痕迹消失，最后用清水漂净。

用10%的柠檬酸溶液1份、草酸1份、水10份，混合后加热，涂于污迹处，数分钟后用清水漂洗，污迹即可去除。

除衣物上烟灰迹法

烟灰污尘沾污了白色的衣物或地毯，可用温盐水刷洗。衣物上沾了烟油迹，也可用刷子蘸浓盐水刷除。

用西瓜汁擦洗。

先用普通擦净粉揩擦，然后再用次氯酸钠进行漂白处理。

除衣物上油漆迹法

把衣服在肥皂水溶液中浸泡数小时后，用餐刀将陈漆迹刮除，再用松节油擦拭干净即可。

如果油漆沾在衣物上的时间不长，尚未凝固时，可用松节油揉洗。

用煤油或肥皂、酒精溶液从污迹处的反面不断地渗入，然后再用含氨水的皂液刷洗。

未干的油漆还可用煤油反复涂擦，再涂一些稀醋酸，最后用清水冲洗干净。

已凝固的陈迹，可先用等份的乙醚、松节油混合液浸泡，待污迹变软后(约需 10 分钟)，再用汽油或苯来搓洗，清水冲净。

已干的油漆迹，可在锅内放 2 500 毫升水、100 克碱面和少许石灰，把沾了漆的衣物放锅内煮 20 分钟，取出后用洗涤剂溶液清洗，漆迹就会脱落。

用 10%～20%的氨水(也可用另加氨水一半的松节油)或 2%的硼砂溶液浸泡，待漆迹溶解后再洗涤。

将油漆迹处浸在苯或甲苯溶液内，待浸溶后再清洗。

若尼龙织物沾上了油漆，可先涂上猪油揉搓，然后用洗涤剂浸泡，清水漂净。

先将洗洁精原液倒在污迹上，用手搓揉；如油漆沾得多，一次洗不掉，可以再倒一些或用刷子刷，直到全部擦净；然后用清水漂洗，把泡沫漂净。

在新迹的正反面涂上少许清凉油，隔几分钟用棉球顺着衣料的纹路擦几下，漆迹便被清除。除陈迹时，要多涂些清凉油，使漆皮自行起皱，即可剥除，再将衣服洗一遍，漆迹便荡然无存。

用海绵蘸乙醚或四氯化碳揩擦细软织物上的新旧油漆迹。

乳胶漆迹，新迹可浸在冷水中，或用海绵蘸冷水揩擦，然后按常规方法洗涤。

先将被油漆沾污的地方用麻油浸透，然后在水中加少许胶水搓洗，漆迹不久就会除去。

若衣物上留下新鲜油漆迹，可先用棉球蘸 95%的酒精润湿污迹，涂上肥皂用力搓揉片刻，然后在清水中漂洗，如此重复 2～3 次，就能除去漆迹。

除衣物上沥青迹法

衣服上沾了沥青迹，可在污迹处滴几滴豆油，使劲搓一搓，用温水漂洗，沥青就会除去，然后用泡软了的豆饼当肥皂，就可将豆油吸尽。

先用小刀将沥青刮去，用四氯化碳浸泡一会儿，再放在热水中揉洗即可除去。

用小刀刮去沥青，再用黄油或猪油软化遗留下来的污迹，最后用汽油或煤油揩擦，不要用水擦，否则会使污迹扩散。

用海绵蘸桉树油揩擦细软织物上的污迹，再用清水洗涤。

将花生油、机油涂在被沾污处，待沥青溶解后，就容易擦掉了。

毛料衣物沾上了沥青，如还未干，可将污迹处浸在松节油中揉搓；如污迹已陈旧，可用松节油和乙醚各半的混合液浸泡揉搓。

除衣物上煤油迹法

衣物染上了煤油，如不及时除去，会残留黄色的斑迹。尤其是白色织物更为明显，可在污迹表面撒上白垩粉或氧化镁粉末，几天以后再将粉末除去，煤油污迹即会消失，不留痕迹。

在煤油迹处先盖上白纸或布，再放在通风处使其挥发。等煤油味消失，再用肥皂或碱水洗净。

用汽油、松节油或酒精擦除。

如白色织物沾上煤油，可先用汽油润湿，再用10%的氨水洗，然后再用酒精擦除。

丝、毛织物上的煤油迹，可用洗涤剂洗除，但不能用碱水洗。

沾有煤油的衣物，可用橘皮擦抹沾污之处，再用清水漂洗，就可将其味去掉。

除衣物上松木油迹法

搬运木材时，衣服上沾了松油，可用棉球蘸酒精擦洗，然后用清水洗，能达到一点痕迹都不留的效果。

除衣物上桐油迹法

用豆腐渣擦拭污迹处。

用汽油、煤油或洗涤剂擦洗。

除衣物上酸迹法

要恢复纺织品上被酸褪去的颜色，可在水中加少许氨水，用海绵蘸水揩擦，再用四氯化碳揩擦。

除衣物上蝇粪迹法

用浓肥皂水浸透后搓揉，再用清水漂洗干净。

用10%的氨水擦拭后，再用清水漂洗。

把灯心草蘸水在污迹处擦拭。

用棉球蘸上醋液或酒精擦拭，可清除衣服上的虫粪污迹。

将沾有蝇粪迹的白色衣物用3%的双氧水溶液润湿，10～15分钟后用清水漂净。

除衣物上硝酸银迹法

用氯化铵和氯化汞各2份，溶解在15份水中制成溶液。用布团蘸该溶液揩拭污处，污迹可除去。

将沾污的织物浸在微热的10%大苏打(硫代硫酸钠)溶液中，然后用洗涤剂洗，清水漂净。

除衣物上胶水迹法

可用丙酮或香蕉水滴在胶迹上，同时用旧牙刷不断地刷，待胶迹变软脱落，再用清水漂净。如一次不成，可反复刷洗数次，终可洗净。含醋酸纤维的织物切勿使用此法，以免损害面料。

用60度的白酒或4∶1的酒精(95%)与水的混合液，浸泡衣物上的白乳胶迹，大约浸泡半个小时后就可以用水搓洗，直至洗净为止，最后再用清水漂洗。

如胶水已干，先在污迹处喷上一些热醋，用一块干净布来回擦拭，每10分钟进行一次，直至胶水变软。

在有胶水迹的衣物背面垫上一块吸水布，然后往胶水痕迹上涂些白醋，最后用棉球蘸水擦洗干净。

洗后若还有痕迹，可用一片维生素E，蘸点水在黄褐色污迹处反复涂擦，便可褪色。

除衣物上红药水迹法

先用白醋洗，然后用清水漂净。也可先用海绵轻拍污迹处，以清除浮在织物上的污迹，然后以加水的稀释醋轻擦即能去除。

先用温热的洗涤液洗，再分别用5%的草酸、高锰酸钾溶液处理，最后用草酸脱色，再进行水洗。

先将污迹处浸湿后用甘油刷洗，再用含氨水的皂液反复洗。若加入几滴稀醋酸液，再用肥皂水洗，效果更佳。

先用洗涤剂清洗，再用2%的酒精溶液洗涤，最后用清水漂洗。

花衣服上的红药水迹，可用按1∶1的比例将水和90%的酒精混合的液体搓洗。

对于深色衣服上的红药水迹，应尽快用浓度较低的漂白粉溶液清洗。

除衣物上紫药水迹法

把衣物用水浸泡后，稍微拧干，用棉签蘸20%的草酸溶液由里向外涂抹污迹。稍等片刻后即可用清水反复漂洗、揉搓。

对一些沾上紫药水的白色织物，可先用溶剂酒精除去浮色，再用氧化剂次氯酸钠或双氧水溶液进行漂白处理，经水洗后就能达到去除的效果。

除衣物上黄药水迹法

一旦黄色药水沾在衣服上，可将醋滴于污处，一般即可消除。

除衣物上碘酒迹法

碘酒沾在衣服上，可以在污迹处涂上少许白酒或酒精，反复进行揉搓，由于碘在酒精中可以溶解，故碘酒迹会渐渐消退，然后再用肥皂洗净。

把一粒维生素C浸湿，涂于污处揩擦。

用亚硫酸钠溶液处理后充分水漂洗。

用冷水先将碘酒迹浸润，再用一块面团在污迹上擦拭至污迹消失，再放入洗涤剂溶液中洗涤。丝绸衣物不宜用面团擦拭。

用丙酮揩拭碘酒迹后，再用水洗。

浸湿污迹后用淀粉揉擦，淀粉遇碘立即呈蓝色，再用肥皂水轻轻洗去。

可用碘化钾溶液拭搓。

如果碘酒迹比较深，可浸在15%～20%的大苏打温热溶液中，约过2小时，再用水漂洗干净。

除衣物上高锰酸钾迹法

高锰酸钾的水溶液可用来消毒，但真沾到衣服上，污迹不容易去掉。如用浓茶水来擦洗就容易去掉。

先用柠檬酸或2%的草酸溶液洗涤，然后用清水漂净。

用一片维生素C蘸一点水在污迹处轻擦，紫红色污迹即可除去。

用一粒阿司匹林蘸水擦洗，就很容易洗去。

除衣物上膏药迹法

用汽油、煤油擦拭，待污迹浮起后再用洗洁精洗。

用酒精或高粱酒加几滴水，放在有膏药迹的地方搓揉，待膏药迹除净，再用清水漂洗。

用烘焙过的白矾末搓揉，再用水漂洗即可。

用三氯甲烷洗，再用洗涤剂洗，最后用清水漂净。

把食用碱面撒于污处，加些温水揉搓几次即可除去。若将碱面置铁勺内加热后撒于污处，再加温水揉洗，去污更快。

用棉球蘸少许松节油擦拭便可除尽。

用四氯化碳洗除。

除衣物上铁锈迹法

先用凉水把铁锈迹处泡湿，取1匙草酸放入水盆中，再倒入一杯热水，使草酸全部溶解，然后加入半盆温水，放入有铁锈迹的衣物，并轻轻揉洗（草酸溶液约2%，水温为40～60 ℃），待铁锈逐渐消失，再用清水漂洗干净。

用15%的醋酸溶液（或15%的酒石酸溶液）揩拭污迹；或者将沾污部分浸泡在该溶液里，次日再用清水漂洗干净。

用10%的柠檬酸溶液或10%的草酸溶液将沾污处润湿，然后泡入浓盐水中，次日洗涤漂净。

将鲜柠檬榨出汁液滴在铁锈迹上用手揉搓，反复数次，直至锈迹除去，再用肥皂水洗净。

为防止对染色织物有影响，可用甘油1份、草酸钾1份与100份水混合，涂在污迹上，静置3～4小时后，用清水漂洗。

棉布衣物如果沾上了铁锈迹，可将其浸入开水中，然后把醋涂抹于铁锈迹处，过2分钟后再用开水冲洗，最后漂洗干净。

把生白萝卜切片蘸半夏末揩擦或用滑石粉搓揉即除。

将维生素C药片碾成粉末后，撒在浸湿的衣服污处，然后用水搓洗几次，可除掉铁锈迹。

用薄软的丝绸蘸去锈清洁剂擦拭。在擦除污迹时，要从污迹外围往中心擦，然后再用通常的方法加以洗涤。

用含食盐的冰醋酸液洗除（约需浸泡30分钟）。

衣服挂在铁钉上沾到的锈迹，是较难洗得干净的，用沸水浸湿铁锈处，涂上草酸或发酸的牛奶，再抹上肥皂，一洗就干净了。

用少许食醋蘸上搓几下，过一会儿再洗，污迹即会消失。

用柠檬汁将有锈迹的地方润湿，再薄薄地铺上一层食盐，这样放置20小时后再用水洗掉。

除衣物上铜绿迹法

衣物上的铜绿迹可用10%的醋酸溶液闷热，并立即用温热的盐水擦拭，然后再用水洗涤，即可除去铜绿迹。

用普通氨水浸泡被染迹的衣物，可除掉轻度的铜绿迹。

若锈迹较重，可用氯化铵1份与石粉4份和浓氢氧化铵调成的糊进行擦拭。需要反复使用这种糊剂，每次使用后要用水清洗直至干净。

除衣物上树脂迹法

质地柔软的布上有了树脂迹，轻轻地涂点90%的酒精和乙醚溶剂即可，但绝不能擦拭。

毛料衣物上沾上树脂痕迹，可在其背面撒上滑石粉，再用松节油和90%的酒精混合液擦拭，直至痕迹消失。

除衣物上烟草迹法

新迹可用温水洗涤。

陈迹可用盐酸、亚硫酸钾的水溶液除去（37%的盐酸1份，亚硫酸钾12份，水25份）。

白色衣物上的污迹，可用3%的双氧水18份、90%的酒精4份、氨水1份的混合液除去，然后用清水洗净。

除衣物上红薯浆迹法

采几片红薯叶，搓出汁液在沾有红薯浆的地方重搓几遍，再用清水洗即可。

除衣物上青草迹法

新沾上的青草迹，应立即浸泡在冷水中，在污迹处涂抹少量肥皂，反复揉搓即除。

先用肥皂洗，后用10%的食盐水浸泡几个小时，再用清水洗净。

用含有少量氨水的热肥皂水或肥皂酒精溶液洗刷，清水漂净。

将等量的热水与甲醇混合，用海绵蘸此混合液揩拭尼龙和合成纤维织物上的污迹，并清洗干净。

用甘油揩擦有严重污迹的织物，并留置1个小时，然后再按常规洗涤。

用5%的酒石酸溶液揩拭，再用水漂净即可。

用棉球蘸取水杨酸擦脏处，再放入清水里刷洗。

对于不可用水洗的纺织品，可用海绵蘸甲醇、桉树油或乙醚揩擦污迹，然后用浸在净水中的布揩擦，再轻轻拭干。

浅色的长裤或白色的裙子上沾了青草迹，不易清洗，影响美观，如用酒精擦就很容易擦掉。

除衣物上黄泥浆迹法

裙子、裤子的下摆、裤脚溅到泥巴，不可立即擦拭，应该等它自然干结，然后用刷子轻轻刷掉残留的污迹，再用湿布揩擦或用洗洁剂洗净。

泥干后用衣刷轻轻刷除，再用洗涤剂洗涤。

用生姜涂擦污处。

用土豆汁涂擦，再用清水漂洗。

用萝卜煮汤擦洗。

取豆秸灰或用去壳的茶子擦洗。

用5%的硼酸溶液揩擦，然后清洗。

对于不可用水洗的纺织品，可先刷去已干了的泥浆，留下的污迹可用四氯化碳揩擦。

除衣物上汗迹法

将有汗迹的衣物浸在10%的浓盐水中泡1～2小时，取出后用清水漂洗干净。洗时请勿用热水，否则会使蛋白质凝固。

用具有弱碱性的3.5%的稀氨水或硼砂溶液洗涤。

用3%～5%的醋酸溶液揩拭，冷水漂净。

有新汗迹时，要立刻将汗迹处弄湿，然后放在氨水瓶口可除去臭味，涂上醋或撒上酵母粉，再用刷子刷，30分钟后再擦洗。如污迹不退，可用漂白粉。

白色衣物上的陈旧汗迹，可用5%的大苏打溶液去除。

将3%的双氧水略微加热，用以擦拭汗迹较重的白色织物，擦拭的动作要快而均匀。擦完后，用清水漂洗干净。

用白醋擦拭，再用清洁软布擦干，汗迹可除去。

白色衣服上有汗迹时，可取冬瓜捣汁涂擦，也可用酒精擦洗。

取生姜一块(约 25 克)，切成米粒大小，涂污迹处，然后轻轻揉搓，可除去污迹。

用淘米水或做豆腐的豆浆水洗涤。

把衣物的污迹浸在溶有两片阿司匹林的水中洗涤。

把衣物浸在淡的不含肥皂的洗涤剂溶液中清洗。

毛线和毛织物不宜用氨水清洗，可改用柠檬酸洗除。

丝绸织物除用柠檬酸外，还可用棉球蘸无色汽油擦抹。

白色的化纤织物有了陈旧汗迹，可以用氨水 10 份、食盐 1 份和水 100 份的混合溶液洗除。

染色衣物上的汗迹，可用蛋黄和 95%的酒精溶液(在 10 毫升 95%的酒精中加入 1 个蛋黄调匀)涂在汗迹上，等干燥后刮去，留下的痕迹用温水洗。必要时，再用加热的甘油擦拭。

用猪胆刷洗衣物上的汗迹，既能除脏，又可保护布料不受损失。

衣物上有了汗臭味，可先在衣物上喷少许食醋，过一会儿再洗，其除汗臭味的效果非常理想。

除衣物上血迹法

刚沾染上血迹时，应立即用冷水洗(禁用热水，因血内含有蛋白质，遇热会凝固)，再用肥皂或 10%的碘化钾溶液清洗。

用加酶洗衣粉洗血迹处，效果甚佳。

用 10%的酒石酸溶液揩拭沾污处，再用冷水洗净。

用白萝卜汁或捣碎的胡萝卜拌盐皆可除去衣物上的血迹。

新迹可立即用淡盐水浸泡搓洗，再用清水漂净。

若沾污时间较长，可用 10%的氨水揩拭污处，过一会儿再用冷水洗。如果还不能洗净，则用 10%～15%的草酸溶液洗涤，最后用清水漂净。

陈迹可用硼砂 2 份、10%的氨水 1 份和水 20 份的混合溶液洗除，然后用清水漂净。

新旧血迹，均可用硫磺皂搓洗。

白色衣物除选用上述方法洗涤外，还需用增白剂浸泡，才能彻底除去污迹。

若系疮血污迹，最好选用牛皮胶擦洗。

陈迹也可用柠檬汁加盐水洗涤。

生姜切片擦拭血迹部分，然后用毛巾蘸冷水擦洗，也不留痕迹。

将沾有血迹的衣物铺在一条毛巾上，然后用冰块擦拭血迹的部分，如此血迹便会渗透在下面的毛巾上，衣物上的血迹也就消失了。

花布上有了血迹，可在血迹处涂上用水调配的淀粉浆，让其晾干，然后除去淀粉块。

白醋和淀粉对消除地毯、割绒地毯和床垫上的血迹都很有效。

将胡萝卜捣碎，拌上适量食盐搓洗衣物，再用清水漂净，能去除衣物上的血迹和奶迹。

不褪色衣服上的血迹，可先用生理盐水擦拭，再使用10份水、1份双氧水的溶液，最后用清水洗净。

羊绒制品上的血迹，可用纸擦拭后再用双氧水擦，可将污迹洗净。

棉、丝织品上的血迹可用海绵蘸清水擦拭，如仍有痕迹，应浸在弱碱性（如苏打等）溶液中擦洗。

人造纤维、羊毛、绢上的血迹可用海绵蘸水擦拭，如痕迹尚存，可用双氧水擦洗。

将污迹稍稍润湿后，蘸上小苏打或土豆粉，拧干后用刷子去除污迹，然后用酒精和冷肥皂水清洗干净，及早处理效果会更好。

衣物沾上血迹，可先浸在冷水里，然后在有血迹处吐几口唾沫搓洗。

先用海绵轻拍污迹处，以清除浮在织物上的污迹，然后以加水的稀释醋轻擦即能去除。

除衣物上脓迹法

衣物上的疮毒脓迹，可用热酒精擦除。

除衣物上白带迹法

妇女内裤的白带迹，用洗衣粉及普通肥皂很难洗掉，如用硫磺皂洗，效果会很好，也可用含硫磺的洗发膏洗。

除衣物上霉斑法

可先将有霉斑的衣物暴晒在日光下，再用刷子刷净霉斑，然后用酒精洗涤。

把有霉斑的衣物放入浓肥皂水中浸透后，带着皂水取出，置阳光下晒一会儿，反复浸、晒几次，待霉斑消除后再用清水漂净。

把煮烂的绿豆涂在污迹上揉搓。

用2%的肥皂酒精溶液（酒精250毫升加1把肥皂片，搅拌均匀）擦拭，然后用漂白剂3%～5%的次氯酸钠或双氧水擦拭，最后再洗涤。此办法只限用于白色织物，陈迹可在溶液中浸泡1个小时。

用5%的氨水或者松节油揩拭，再用水洗涤即可除去。

先涂上氨水放置一会儿，再涂上高锰酸钾溶液，最后用亚硫酸钠溶液处理和水洗。要注意防止霉斑扩散。

用少许绿豆芽揉搓霉斑处，待霉点消失后用清水洗净即可。

衣服上的霉斑很难去除，可把衣服放在水中浸泡一会儿，再在水中加点柠檬汁洗涤。

将有霉斑的衣服放入淘米水中浸泡一夜后再按常规搓洗，衣服上的霉斑就可去除了。

衣物上极难去除的霉斑，可用50℃左右的热双氧水溶液或漂白粉溶液擦拭，再用清水漂洗干净。

丝毛织物上的霉斑可用棉球蘸松节油擦拭干净，然后再放到阳光下晒干，去除潮气。

由于潮湿气候等原因，洗好的衣服不易晒干，常有一股难闻的霉味。若将衣服放在加有少量醋和牛奶的水中再洗一遍，便能除去霉味。若收藏的衣服或床单有发黄的地方，可涂抹些牛奶，放到太阳下晒几个小时，再用通常的方法洗一遍。

用5%的小苏打或9%的双氧水洗。

用冬瓜汁擦拭。

丝织品可用10%的柠檬酸溶液清洗。

麻织物上的污迹，可用氯化钙溶液洗涤。

毛织品上的污迹可用芥末和硼砂的溶液(1桶水中加芥末、硼砂各2汤匙)清洗。

丝绸衣物上有轻微的霉斑，可用软毛刷刷去，比较严重的可将衣物平铺在桌子上，将稀氨水喷洒在发霉的地方，霉斑就可立即消失，然后用不太热的熨斗熨平。

白色织物上的霉斑，用50%的酒精擦洗就能除去污迹。

呢绒衣物上的污迹，可用优质汽油刷洗，待汽油挥发后，把湿布铺在衣物上熨烫，就能除霉复原。

衣物上的霉斑陈迹，可用洗发香波浸润后，用稀氨水刷，再用清水洗净。

织物上的陈迹霉斑，用淡碱水刷洗极易除去。

除衣物上黄斑法

衣柜里的白色衣物由于收存得太久，上面往往会留有斑点，很难洗去。如果洗后衣物上发黄的斑点仍无法去除，可将衣物放在草坪上晾晒，干了之后，假如斑点仍然没有完全消失，可将有斑点的地方再弄湿，翻个面披在大草坪上，让露水浸透一夜，如此，衣物就会变得洁白了。

白衣物上出现黄斑，可将衣物放在凉水中浸湿，再在衣物的痕迹上面撒些盐，就可将其洗掉。

可用1份双氧水和10份水混合的溶液擦洗，然后再用清水洗。

已经变黄的丝绸衣物，可泡在干净的淘米水里，每天换一次水，2～3天后黄色就可退掉。如用柠檬汁水洗，效果更佳。冬瓜汁亦可洗去衣物上的黄斑。

白色衬衣经过多次穿用、洗涤，容易发黄，如果经常用淘米水洗，就不易发黄了。衣服洗净后，再放入滴有蓝墨水的清水中漂洗，对防止白色衣服发黄也很有效。

将煮菠菜的水倒入盆中，与有黄斑的衣服一起浸泡20分钟，在衣服黄斑处用肥皂擦搓一下，再用清水漂净后放在阳光下晒一段时间，衣服上的黄斑即能消除。由于衣服上黄斑的成分主要是蛋白质，而菠菜经过水煮后会释出可溶解蛋白质的成分。

除衣物上染色迹法

洗衣物时不小心将浅色衣物染污，可用纯碱溶液浸洗；也可使用加酶洗衣粉或氧化漂白剂（如稀释的漂白粉溶液）漂洗。

衣服上沾染了颜色，用醋搓一搓，然后用清水冲洗，就可去色迹。

尼龙衬裙如果不小心染上其他衣服的颜色，可用毛巾蘸酒精擦拭，效果很好。

洗衣时，纯棉织物被其他衣服染色，应把被染衣服泡在稀释过的84消毒液中，利用它的脱色功效，还衣服的本来面目。

衣服染色前，先在明矾水中浸泡片刻再染，染出的衣服颜色特别好看而且持久。

将衣服染色的地方浸湿，然后抹上少许高锰酸钾稍微停留片刻，再用草酸进行搓洗，颜色很快就没有了。

将容易掉色的新衣服泡在淡盐水里几分钟后进行搓洗，再用清水漂洗干净，这样新的深色的衣服就不会掉色了。

除衣物上呕吐物迹法　先用汽油擦拭，再用5%的稀氨水擦拭，然后用水洗涤。

用10%的氨水将污迹处润湿，再用酒精和肥皂的混合液擦拭，然后用洗涤剂洗涤，清水洗净。

对丝、毛服装不可用10%以上的氨水擦拭，一般可用酒精与香皂的混合溶液进行擦洗，然后再用中性洗涤剂洗涤，洗不掉时再用5%的氨水溶液洗。

除衣物上尿液迹法　刚沾上的尿迹，趁湿就用温水洗涤，可以洗除。

用食盐溶液洗除。

陈迹可用洗涤剂溶液洗去。

布绸类(锦纶、维纶除外)衣物可用等量的氨水和醋酸溶液清洗。

用28%的氨水1份和酒精1份的混合溶液洗涤。

白色织物上的尿迹，可用10%的柠檬酸溶液润湿，1小时以后再用清水漂洗干净。

有色织物上的尿迹，可用15%～20%的醋酸溶液润湿，过1～2小时后再用清水漂洗。

用海绵蘸一点淡的氨水或者碳酸氢钠水溶液揩擦，然后用干净的热水将污迹处洗净。

如果小孩尿在毯子上，应尽快用纸、毛巾吸去尿液，然后用苏打水洗去尿迹。

先用海绵轻拍污迹处，以清除浮在织物上的污迹，然后以加水的稀释醋轻擦即能去除。

除衣物上精液迹法　刚沾上的精液迹可用20℃左右的温水浸泡30分钟左右，然后用肥皂反复搓洗即可去除。若用清水浸泡，稍加盐或氨水，去迹效果更好。

白色棉织物上的陈旧精液迹，可先用冷水浸泡30分钟，用低温皂液洗，然后漂净。再用1%～3%的次氯酸钠低温漂洗即可。

如污迹洗不净，可在污迹处放上草酸，片刻后再用肥皂洗，然后漂洗干净，效果甚佳。

刚沾上精液的衣被，可用5%的小苏打溶液浸泡以除去黏性，再用清水漂洗黏性物质，然后加些食盐搓洗，因食盐可去掉蛋白质成分。

将沾污的衣服浸泡在10%的尿素溶液中，稍加搓洗即可除去。

床单及内衣裤沾上难以洗净的精液迹后，可先用无铅汽油擦拭，以去除精液迹上的油脂成分，再用双氧水或氨水溶液擦拭，最后用清水漂洗干净。

除衣物上水污染迹法

将被水污染的织物在开水壶冒出的蒸汽上来回移动，直到织物潮湿为止，然后用熨斗熨平，此法对去除水迹很有效。

将被雨水污染的人造丝织物、丝绸和细软的织物浸在热水中，然后轻轻地拧去多余的水，并将其卷在毛巾中，趁湿熨平。

用一块干净的布蘸甲醇，可擦拭雨水的污迹。

除衣物上海水迹法

用白醋揩擦织物上的污迹，可恢复其原来的颜色。

先刷去干的污迹，以除去盐迹；然后浸在热水中直到所有的盐均溶化，再按常规洗涤，如有必要可重复这个过程。

如果皮革上的海水迹较轻，可用一杯热牛奶和一小块石碱的混合溶液擦洗污迹，直至消除为止，然后阴干。如污迹严重甚至已经变黑，需用氨水、牛奶按1∶1混合，然后用此液轻轻地、反复地擦洗，洗净后阴干即可。如果处理后发现皮革变硬，还需用蓖麻油擦拭，最后慢慢将皮革打亮。

除衣物上石灰水迹法

衣物不慎沾上了石灰水，石灰便会牢固地附着在衣物上，形成难看的白色。应尽快在最短时间内清洗（一般用湿毛巾抹多次即可）；石灰是极强的碱性物质，即使剥除已干硬的石灰，还是会使衣料变色。因此要用刷子刷沾了石灰的部分，必要时用刀片小心刮除，但不要长期不清洗沾了石灰水的衣物，否则很难保证衣服不会褪色。

除衣物上熨烫焦黄迹法

棉织物烫黄后，可撒些细盐于黄迹处，然后用手轻轻揉搓，再放在太阳下晒一会儿，最后用清水洗，焦黄迹可减轻或消失。

丝绸织物烫黄后，可用少许苏打粉掺水调成糊状，涂在焦黄迹处，待水蒸发后再垫上湿布熨烫，可消除焦黄迹。

化纤衣料烫黄后，要立即垫上湿毛巾再熨烫一下，轻者可恢复原样。

呢料被烫黄后，可先刷洗，让烫黄处露出底纱。然后用针尖轻轻地挑绒毛处，直至挑起新的绒毛，再垫上湿布，用熨斗顺着织物绒毛的倒向熨烫数遍，即可复原。

熨烫毛料衣服时，如不慎烫出了黄迹，可以将白矾用开水溶化，待凉后，均匀地刷在烫黄的部位上，然后放在太阳光下晒，便会减轻焦黄颜色。

白色法兰绒上有焦黄迹时，可立即削 1 个柠檬，以其汁擦拭，暴晒于强烈阳光下，使其全干，再洗去柠檬汁。

冬季的厚外套不宜经常洗烫，如果厚外套被烫焦了，可用上好的细砂纸摩擦烫焦处，再用刷子刷一刷，就能除其焦痕。

要消除熨烫出的痕迹，应先把衣物用水浸透，晾至半干。将电熨斗通电后底部朝上放置，放上几粒砂糖，糖化后即断电。然后趁热熨烫衣物焦黄迹处，反复几次，即可消除焦痕。

要消除衣服上的褶纹和熨烫痕迹，可将食醋滴在毛边纸上，盖在褶皱处，用电熨斗熨一下，痕迹就会消失。

白色的床单被烫焦后，留在上面的焦痕非常显眼。此时可把 1 个新鲜洋葱切成两半，用切口涂擦焦痕，然后用水洗，焦痕就不易看出了。

除衣物上亮光迹法

毛料服装穿得久了，肘、膝、臀部等经常受到摩擦的地方会发亮，若在这些地方涂抹上食醋与水等量的混合液，略干之后再涂抹一次，垫上一块干净的布加以熨烫，即可把亮光迹除去。

熨烫衣物时，由于熨斗过热或过凉，往往使衣服上出现烙铁印和亮光。如果碰到这种情况，只要立刻往衣服上喷些雾一样的水花，然后将衣服叠好，过 10 分钟后再打开，熨迹便可以除去。也可用一块较湿的布盖在亮光处，再用熨斗烫(不要烫干)，亮光就会消失。

黑布上有亮光迹，可用半升水加三四滴氨水的溶液，用刷子蘸此液顺着布纹轻轻地刷。

西装、外套有时会泛出油光，可将 1 杯水与 1 茶匙氨水混合，把此液喷洒在衣服上，然后盖上毛巾，以熨斗熨烫，用刷子刷一下，就能刷去油光。

毛呢服装穿久了也会出现油光，可用凡士林涂刷于油光处，再铺上吸墨纸用熨斗熨一下，就能除去油光。

绒线衣穿久会发亮，如果用醋水溶液喷一下，再用手揉揉，即可除去光亮。

除衣领垢法

新迹用汽油等挥发油即可除去，旧迹可用乙醚或四氯化碳擦。

在有衣领垢的衬衫的领口上涂些上海特效牙膏（切忌用热水），然后均匀地搓揉片刻后再用肥皂洗涤，切忌用热水，再用清水漂净，黄迹便可除去。如果黄迹太陈旧，可在洗涤时反复采用此法。

除衣物上红画粉迹法

先用小毛刷刷去表面的粉迹，再将污迹处浸在冷水中用少量的肥皂搓洗，即可除净。

白色衣物上的画粉迹，如用上述方法除不净时，可再放入加温的（30～40 ℃）经稀释过的次氯酸钠溶液里轻揉，画粉迹就能消除。

可用稀释的漂白粉处理，但不能用于带色的衣物，以防褪色。

除衣物上不明污迹法

有时衣物沾上了污迹，但又搞不清楚污迹为何物，可取10%的氨水5份、丙酮3份、酒精肥皂混合溶液20份，用此混合液擦拭。

用浓酒精和乙醚各1份、松节油8份配制成溶液，也能除去一般的不明污迹。

除衣物上干洗剂迹法

用干洗剂干洗后的衣物，往往会出现圆形的淡淡的痕迹，可用一杯热水压在衣服的痕迹上，痕迹便会渐渐消除。

除衣物上樟脑味法

衣物上有了樟脑味，想立即除去，可把衣物装入塑料袋内，同时放进冰箱里使用的除臭剂，扎紧塑料袋口，这样，樟脑味很快就会消失。如果不急着穿用，可将衣物晾在阴凉的地方，几天后樟脑味就会完全消失。

除衣物上污迹法

衣物上沾染了污迹要及时去除，不宜放置时间过长，否则污迹渗透到纤维内部与纤维牢固地结合，甚至发生化学反应，就不易去除或不能去除了。

要根据污迹的性质和衣物的特点，选用适当的化学药剂和正确的去迹方法；同一种污迹在不同的衣料上，选用的化学药剂和采取的去污方法应有所不同。

要掌握正确的清除方法：从污迹边缘向中心擦拭，目的是防止污迹扩大；擦拭污迹的材料用量不要过多，能擦去污迹即可；擦拭时，用力不能过猛，要使巧劲，以免织物被擦毛，如果污迹面积小，可借助一些工具，如棉签、镊子等；使用草酸、高锰酸钾、松节油、汽油等，要注意防毒、防褪色和防燃，买来的去迹材料要严格按使用说明操作，千万不可自作主张。

不管去迹彻不彻底，都不要损伤织物面料和颜色，务必掌握溶液的浓度、温度和擦拭的时间，同时要在使用后充分进行漂洗。

用有机溶剂去除化学纤维织物上的污迹时，要防止溶解织物纤维和溶解印花染料面造成褪色或串色；为安全去迹，最好先用化学药剂在织物面料边缘做个试验，待确有把握后再用。

除羽绒服上油迹法

羽绒服上沾染了油迹，可用优质汽油擦洗或用肥皂液清洗。也可在晚上临睡时，用冷水把少许面粉调成糊状，涂于油迹处，第二天早上用刷子蘸一些清水刷去粉块，沾在羽绒服上的油迹就会消失。

除羽绒服上墨迹法

羽绒服上的墨迹，可用洗衣粉和米饭粒揉搓，然后用纱布或脱脂棉将污迹除去，再用温水洗净。

除羽绒服上蓝墨水迹法

被蓝墨水污染后先用温水洗，再用洗衣粉洗，最后用酒精洗一洗，之后用清水漂净。

除羽绒服上圆珠笔油迹法

羽绒服沾上了圆珠笔油，可用40 ℃左右的温水浸泡污迹处，然后用棉球蘸苯擦洗，再用洗涤剂洗净。

除羽绒服上血迹法

羽绒服上有了血迹，一定要用冷水以及氨水洗除。在用冷水洗时可适当放些盐。

除羽绒服上烟筒油迹法

如果羽绒服上沾上了烟筒油迹，要立即用汽油擦洗或用温肥皂液清洗。

除羽绒服铁锈迹法

羽绒服上的铁锈迹，可用柠檬汁擦洗，再用肥皂水洗净。

除滑雪衫上油迹法

滑雪衫若沾上油迹，用冷水把少许面粉调成糊状，涂于油迹处，几小时后用刷子蘸水刷去粉末，油迹就会消失。

除羊毛衫上污迹法

羊毛衫上的灰尘，可用20厘米长的胶布，两端固定在筷子上，轻轻地粘除。也可用1块海绵蘸水后拧干，轻轻地把羊毛衫上的灰尘擦拭掉。

羊毛衫上沾污水果汁和红酒迹，迅速用蘸有3∶1比例的药用酒精和水的混合液的布来轻拍，即可除去污迹。

羊毛衫肘部被磨亮出现亮光时，可取等量的醋和水调匀，喷在磨亮处，再用清洁的白布擦拭便可消除。

除羊毛衫上果汁和酒迹法

羊毛衫上沾有水果汁和红酒迹，应迅速用布蘸药用酒精和水的比例为3∶1的混合液布来轻拍，即可除去污迹。

除羊毛衫青草迹法

羊毛衫上有了青草迹，可用擦上肥皂的布轻擦去除。

除丝绒衣物上污斑法

先用干净的刷子把衣物上面的灰尘刷掉，再用一块柔软的布蘸汽油擦拭，干了以后再蘸酒精擦净。用1匙酒精加 1 杯温水调匀，可洗除丝绒衣物上的食物污斑。

除灯芯绒衣物上污迹法

如果灯芯绒衣物绒面沾上了胶水、糨糊、稀饭、汤等，洗涤时应放在冷水中浸泡 15～20 分钟，不要用硬刷去刷，以防刷掉绒毛。

除灯芯绒衣物上圆珠笔油迹法

灯芯绒衣物上的圆珠笔油迹，用 75％的酒精擦拭即现白痕。一般圆珠笔痕可用四氯化碳处理。灯芯绒衣物上如有白痕，可使用去污膏擦除。

除汗衫、背心上黄斑法

汗衫、背心由于出汗等原因很容易泛黄，用肥皂也不容易清洗掉。这时不要用热水浸泡，而应把它浸泡在 3％～5％的冷盐水里，浸 3～4 小时后再抹肥皂揉洗，黄色汗迹就洗掉了。这是因为汗液是蛋白质的污迹，用热水洗，蛋白质就会凝固在纤维上洗不下来，而蛋白质溶于食盐水。

除汗衫、背心上黑斑法

汗衫、背心上有了黑斑，可取鲜姜 100 克左右洗净捣碎，加水 500 毫升放在铝锅内煮沸，约 10 分钟后倒入洗衣盆内，浸泡汗衫、背心 10 分钟左右，再反复搓几遍即可。

除汗衫、背心上霉斑法

去除汗衫、背心上的霉斑，可将高锰酸钾 4 克和草酸 14 克分别溶于 600 毫升的 40 ℃水中。先将汗衫在高锰酸钾溶液中浸泡 5 分钟，取出拧干，再浸入草酸溶液中，不时翻动，15 分钟后取出，漂净溶液后晾干，汗衫不仅洁净如新，同时又不损伤衣物的纤维。

除绢花上墨迹法

可在墨水迹下面垫上吸水纸，然后用湿布在墨水迹上拍打，就能将墨水迹吸到纸上。

除皮革制品油污法 去除皮革制品上的油污，可用漂白粉和水混合的厚糊敷涂，干后再刷去上面的粉块。如有必要可重复进行这个过程，然后再用通常方法擦亮。这样处理对皮革无损，而且不会使皮革褪色。皮革制品上的油污可用香蕉皮擦拭。因为香蕉皮内含有单宁等润滑物质，擦后可使皮面光洁。去除皮革制品上的油污，还可用氨水、酒精、水（比例为1∶1∶1.5）配成去油污溶剂，用不掉色的布蘸着擦拭。

除皮革制品油墨迹法 皮革制品上沾了油墨迹，可用湿的小苏打粉覆盖在污迹上。小苏打粉若出现颜色即更换，直到污迹消失，然后晾干，最后将其擦亮。

除皮革制品霉迹法 麂皮夹克上生了霉斑，可先用温水将污垢处擦洗一遍，然后用肥皂水轻轻刷洗，再用清水擦洗干净，放在阴凉处吹干后涂少量植物油。最好用衣架把皮夹克挂起来，避免出皱。皮夹克如果发霉了，可用干净的软布擦掉霉斑，然后涂上夹克油。

皮革制品发霉后，用刷子刷去霉毛，再擦松节油，最后涂上一层薄薄的甘油就可以了。也可用干布擦一遍，然后涂上凡士林油。10分钟后，再用布把凡士林擦去，霉斑即可去除。

除皮革制品污垢法 皮革表面沾上了污垢不易处理时，可用柠檬皮擦拭。也可用软布蘸酒精擦拭，最后涂上一点夹克油。用搅得起泡的蛋清来擦皮革制品，不但可去除污垢，还可使皮面光泽发亮。先用布或软毛刷将污处擦一遍，再在表面涂上少许凡士林，过一会儿再用软布擦，使其软化。有些灰尘污垢难以除去，可用湿布蘸肥皂液涂遍皮革制品的表面，然后用绒布揩净肥皂液，让其慢慢地晾干，再用家具蜡揩擦。

在一块法兰绒上撒些滑石粉，用它擦拭有色皮件，然后再涂上一层由松节油和软蜂蜡按2∶1比例调成的浆糊，等浆糊被皮件吸收干后再打磨光亮。

将明矾20克、食盐10克和水2 000毫升同放一起溶化后，把弄脏的皮革制品用此溶液揉搓一下，再用清水漂洗干净后晾干。

除皮革制品海水迹法

除皮革制品上的海水迹时，可用一杯热牛奶和一小块石碱的混合液擦去海水迹，让其慢慢晾干。如有必要可重复进行。若污迹变黑，可将等量的氨水与牛奶混合，用此混合液轻轻揩擦污迹，然后慢慢地使其完全晾干。如果皮革干后很硬，可取蓖麻油揩擦，最后再将其擦亮。

除新衣服上异味法

新衣服或新布料，通常有一股刺鼻难闻的味道，这是染料所造成的，若不去除，穿在身上令人难受。可抓取一把茶叶点燃，利用燃烧产生的烟能将其味道去除。

除衣物上褶皱法

毛料服装上有了褶皱，可在穿着的前两天，将衣服在浴室(或有热水盆的浴罩)内挂1夜，利用蒸汽使褶皱消失，然后使其自然晾干，即能变得十分平整。

丝绸服装上有了褶皱，可将衣物放入10～20 ℃的温水中，然后放入少许食醋(一件衣物以25毫升为宜)和几滴大蒜的汁(将大蒜捣烂，用茶叶水泡取)。衣物泡一两个小时后，不需拧水，抖出晾干。

如果丝绒上绒毛被压皱了，可用酒精将绒毛润湿，放在蒸汽上蒸3～4分钟，然后趁热用稀而硬的毛刷逆着绒毛刷。若压皱不减，可多蒸几次，直到绒毛恢复原状为止。

腈纶服装有了轻微的皱褶，可用稍热的水浸一下，然后用力拉平，皱褶便会消除。

裙子和裤子等衣物因嫌短放边后，想要去掉原来的折痕，可先用少许醋把有折痕的地方喷湿，然后用温度适中的熨斗熨平。有的裤子(如华达呢或其他类似的裤子)因穿久了，臀部容易出现亮斑，如按本办法处理，也可使其恢复原来的色泽。

衬衫硬领经多次洗涤后出现了许多皱纹，可在洗净的衬衫硬领后面均匀地涂上无色透明胶水，使其湿透，待1小时后用熨斗烫平即可。

熨领带时，可先按其式样用厚一点的纸剪一块衬板，插进领带正反面之间，然后用熨斗熨烫，这样可使领带熨得平展美观。皱了的领带，不必用熨斗烫也能变得既平整又漂亮，只要把领带卷在空啤酒瓶上，待第二天清早时，原来的皱纹早就消除了。

皮革服装上的皱纹，可用低温熨斗熨平。熨烫时要不停地移动熨斗。

皮衣、皮鞋、皮箱等皮革制品因使用或穿用过久，表面出现了较小的皱纹，只要在皱纹处涂上少许鸡蛋清，待干后再涂上鞋油，皱纹便会消失。如果皮鞋的表面出现了较大的皱纹，可以将石蜡嵌填在皱纹处，用熨斗熨平，就可以较好地恢复原有的平整。

鞋帽除污保洁篇

擦皮鞋法　先将灰尘擦去，再在鞋油上滴几滴醋，混合起来擦，这样擦过的皮鞋不仅颜色鲜艳，而且保持的时间比较长。

擦皮鞋时，先擦去其表面的灰尘，然后涂上一层蜡，再用绒布擦，皮鞋就会显得更加光亮。

皮鞋上有了泥污，用棉球蘸白酒擦拭，可使皮鞋光亮如新。

擦皮鞋时，抹点牙膏与鞋油同时擦拭，皮鞋就会更加光洁。

用旧了的粉扑不要丢掉，用它来擦皮鞋，很容易将皮鞋上的灰尘擦掉，而且手也不会弄脏。

打过的蛋壳里仍有些蛋清，用手指蘸着它擦在皮鞋上，可使皮鞋光亮如新。

用剩的冷霜，或时间过长不宜再搽用的冷霜不要丢掉，可将其用来擦鞋，能使皮革柔软。用冷霜擦皮鞋，不但能把脏的地方擦干净，皮子也变得柔软光滑，穿在脚上舒适美观。

喝剩下的牛奶或已变质了的牛奶不要倒掉，用来擦皮鞋或其他皮革制品，能防止皮面干裂。

将鞋擦干净后涂一层亮光油，再用蜡纸擦拭，最后用湿纸巾擦去鞋上的污点，能使皮鞋整洁如新。

在擦黑色皮鞋之前，可先用鲜橘子皮的内壁擦拭，然后再擦上鞋油。

在擦棕色皮鞋之前，可先用香蕉皮的内壁擦拭，再擦上鞋油。

皮鞋上出现霉斑，往往是因为受潮而引起的。可用酒精或温水将其擦掉并薄薄地涂上鞋油，然后放置于阴凉通风处，皮鞋的霉斑即会消除。

旧袜子内塞些破布来擦皮鞋非常方便，也可将旧袜子套在鞋刷上，蘸些鞋油擦皮鞋，能刷得特别光亮，且方便快捷、事半功倍。

黄皮鞋如沾有尘污，涂上柠檬汁便可刷去，再用鞋油擦拭，则光亮如新。

清洁皮鞋法

当真皮皮鞋沾有泥巴时，不可强力将泥从鞋上剥下来，也不可用刷子强行将泥巴刷除。因为如果这么做的话，不但泥巴无法完全去除，反而会伤害皮料。不得已之时，只能用水将泥巴弄湿，再将湿泥擦除(也可以用布蘸足水擦)，然后将它置于阴凉通风处晾干，隔日再以一般擦鞋方法擦拭一番即可。也可以使用鞋子清洁剂，先将污垢去除，再涂上专用鞋油，使受水和泥土伤害的皮革休息一下。

除皮鞋白色斑点法

皮鞋穿一段时间后，鞋面上会出现白色斑点，这一般是由于踩水或踏雪所造成的。先涂些脂油(猪板油或鸡油)，然后再抹上少量醋、煤油和水调制成的混合剂，10 分钟后用布擦亮即可。用酒精或温水将其擦掉，并立即涂上鞋油，把皮鞋放在通风处即可恢复原状。

清洁浅色皮鞋法

白色皮鞋脏了，可先用软布将污垢擦去，然后用橡皮擦掉污迹，再擦上白色的鞋油。

白色皮鞋脏了，可先用普通橡皮轻轻将污垢擦掉后，用干净软布擦去橡皮屑，擦上白鞋油，等油干后再用鞋刷和软布擦拭几遍。这样，皮鞋的表面就洁白光亮了。

白皮鞋蹭脏后不易清理，可将胶布粘在有污迹的地方，轻轻按压，再揭下来，污迹就很容易被粘下。此法方便、干净，且不伤皮质。

在擦纯白色鞋子时，白鞋油粘到鞋的边缘是不容易擦掉的。所以未擦前，在鞋边缘抹上一层透明指甲油，如果不小心附着上白鞋油，可以轻松地擦除，同时也能防止污垢。

浅色皮鞋穿脏后，就是用鞋油擦也擦不干净。此时，可将柠檬汁均匀地涂在皮鞋上，再涂上鞋油擦拭，就能恢复鞋的本色。

清洁人造革鞋法

人造革鞋要用软毛刷子、碱性小的皂液来刷，刷后用清水漂净，然后置通风处阴干。

清洁翻毛皮鞋法

翻毛皮鞋脏了，可用毛刷蘸温水刷洗，刷洗后放在通风阴凉处吹干，等鞋面似干非干时，再用硬毛刷蘸鞋粉轻刷鞋面，使翻毛蓬松起来。如果还不能复原，可继续刷洗、吹晾，一直到翻毛恢复原状为止。翻毛皮鞋脏污时，可把酒精加黄米面调成糊涂在鞋面上，晾干后刷去面粉，鞋上的脏污也一起去掉了。

处理被雨水淋湿的皮鞋法

被雨水淋湿了的皮鞋，不可以直接烘烤。可用揉成团的报纸塞满鞋膛，以保持皮鞋不走样，再把它放在通风处吹干。上鞋油之前，皮鞋必须完全干燥。皮鞋被淋湿后会有湿痕和水迹，可用少许蜡与鞋油混合涂在鞋面上，在阳光下晒几分钟，再用干布擦拭，既可避免皮鞋出现裂纹，又可使皮鞋光亮如镜。

使旧皮鞋整旧如新法

穿旧了的皮鞋可以翻新。用墨蘸鸡蛋清在砚台里磨成墨汁，然后用毛笔蘸此墨汁反复地涂于鞋面上，褪色部分和有裂痕处可多涂一些。涂好后的皮鞋，放在通风处晾干，然后再涂上鞋油，用刷子轻擦，皮鞋就会油黑发亮，色泽如新。也可取鸡蛋清加入与皮鞋色调一致的染料 2 克，搅拌均匀后即可涂于褪色部位。最后再擦上鞋油。

清洁旅游鞋法

真皮旅游鞋的清洁，可用软布蘸牙膏擦去污物，然后用干布擦净，也可用旅游鞋去污上光膏擦拭。皮革的旅游鞋，可用清水加不伤皮革的去污粉擦去污迹，然后用布擦干，再涂上一层软质鞋油，像擦皮鞋那样擦均匀。尤其在脚趾与脚面部位应多擦，那里皱纹最多，多上油能防止其因频频弯曲而老化。无论是牛皮还是羊皮鞋，都应避免在雨天穿用。

清洁绒面革旅游鞋法

绒面革的旅游鞋，应经常用毛刷刷干净，保持绒面清洁，同时涂上一些同色的鞋粉。这种鞋不要用水刷洗，以免皮面变质。毛面皮革旅游鞋，可先用刷子刷去尘土，对污处用细砂纸轻轻地打磨，污迹去除后，涂上鹿皮粉擦拭。

清洁尼龙布面旅游鞋法

尼龙布面的旅游鞋可以用水刷洗，但水不可过热，刷完后用干布将水分拭去晾干。

除旅游鞋上油污法

旅游鞋上的油污，可先用汽油擦拭，然后泡入清水中3～5分钟，拿出刷净。用30 ℃的清水将洗衣粉冲开，把浸泡的鞋用刷子反复刷洗，直到干净为止。然后用清水漂洗3次（白鞋可在第三次漂洗时加少量醋酸，可防止鞋干后发黄），用干毛巾将鞋里面的水吸干，放置在阴凉通风处晾干。

清洁帆布运动鞋法

为了使帆布运动鞋脏得慢，可在洗净的鞋面上先涂一层淀粉。

布运动鞋即使可以水洗，也不宜浸在水中，可用去污膏薄涂于鞋面，用蘸了水的牙刷均匀地刷拭，然后尽快用清水洗净，晾干。最好勿湿及鞋里，以免夹层污垢外渗。至于胶边各部分，若用去污膏刷过仍不干净，可用四氯化碳以棉球蘸取抹拭，即可恢复光洁。

洗完帆布运动鞋后，可在鞋尖部塞一块洁净的鹅卵石，然后再晾晒，可防鞋子变形。

清洁白球鞋法

穿新买来的白布面球鞋，先在鞋面上刷上一层白鞋粉，以后即使脏了，清洗起来也很方便。

将白球鞋用肥皂洗刷干净后，放在清水中浸泡1～2小时，把鞋中的脏水排出。然后把鞋拿出来用干毛巾将鞋面擦干，直到表面没有水为止。

用浸泡湿的白粉笔直接往鞋面上涂一层，比较脏的地方可以涂厚一些。矮帮球鞋大约需1.5支白粉笔，高帮球鞋需用2支白粉笔。将涂好的球鞋晒干，刷去白粉笔末便可以穿用。

球鞋刷洗晾干后往往会泛起一块块黄色，如果用吸水性较强的白纸贴在刷洗过的球鞋上，然后晾干，黄色就会印在纸上了。待鞋干后，把纸除去就行了。

白色的球鞋穿久后会泛黄变脏，可先洗净后用牙膏刷一刷，再用水冲洗干净，就能使球鞋洁白如新。用这种方法清洗的球鞋也不容易弄脏，而且下次清洗时会更轻松。

白鞋带保洁法

白鞋带易被金属带孔勒出黑色，如在新鞋的带孔四周涂层透明指甲油，鞋带便不会变黑了。

清洁布鞋法

布鞋面弄脏了最好是干刷，若刷不干净，可用淡肥皂水洗刷鞋面，洗刷时尽量不要将鞋底弄湿，洗后应尽快晒干。

布鞋的鞋面上如发现霉迹，应先刷去霉迹，或洒上少量白酒再刷，然后再置于阴凉处晾干，此时切勿暴晒，否则霉迹难除。在清洗浅色布鞋时，宜使用含有氨的洗涤剂，用废牙刷蘸洗涤液刷洗即可刷干净。

将白布鞋刷净，趁湿将一层白卫生纸蒙在鞋的布面上，使卫生纸同布面粘在一起，然后把鞋放到太阳下面晾晒。当鞋干后，揭掉蒙在鞋布面上的卫生纸，鞋就变得非常白了。

清洁胶鞋法

洗刷胶鞋时，切勿用硬板刷子刷鞋面上胶布的缝隙处，以免刷开边条。胶鞋穿脏后，可用肥皂水刷洗，再用清水漂净。洗时，水温不可过高，浸泡时间不可过长，不要用浓肥皂水刷洗，因为碱会腐蚀胶鞋，使胶质发生纹裂。洗后可用布抹干，然后置阴凉通风处晾干，忌暴晒。

用肥皂刷洗干净后，再放入清水中浸泡1～2小时，将鞋捞出，倒掉鞋里的水，用毛巾擦干鞋面的水，这样刷洗的白胶鞋不会变黄。

新胶鞋内喷上少许白酒，至海绵不能吸收为止，晾干后再穿，就不会有臭味产生。

刷洗拖鞋法

肥皂、洗衣粉、洗涤剂对海绵拖鞋上的黄迹是无能为力的，只有用去污粉，才能将拖鞋清洗得干干净净。

将氨水稀释20倍用来浸泡拖鞋，暴晒至干。以后勿再放置阴暗处，如果能放些防潮粉吸湿那么效果会更佳。

清洗雨鞋法

浅色雨鞋被沾污变色后，可取少量硼砂与洗洁精混合擦拭雨鞋，稍等片刻再用柔软的毛刷轻刷，就能使脏雨鞋焕然一新。

清洁皮帽法

将葱头切成片可把皮帽擦净。裘皮帽用布蘸汽油顺毛擦拭,可以达到洗涤清洁的目的。

帽子上的绒毛如果发生起卷现象,可把少许面粉撒在起卷处轻搓,将绒毛分离后用竹条敲打,使其恢复正常。

羊剪绒帽子上的绒毛如果发生起卷现象,可把干净毛巾铺在上面用熨斗熨烫,然后顺一个方向梳刷。

麂皮帽可用细盐擦洗,不过不能太频繁,否则麂皮容易磨光。

清洁呢帽法

呢帽戴的时间一长会积油垢,特别是帽圈部分更容易脏。遇到此种情况,可用干净布蘸三氯甲烷少许在油垢处反复擦拭,就可将油垢除去。

清洁毡帽法

细毡帽上的污迹可用等量氨水和酒精的混合液擦洗。先用一块绸布蘸这种混合剂,然后擦拭帽子。注意:不能把帽子弄得太湿,否则容易变形。最后用干毛巾擦拭,用刷子刷后再晾干。帽子上磨亮或磨破的地方,可用细砂纸稍擦一下;也可以撒上些精盐,再用硬刷子刷;或用糖块擦,擦过后的帽子看上去如同新的一样。

清洁针织帽法

针织帽子应用碱性小的皂液洗涤,以防褪色。洗时宜轻揉轻搓,以防起毛和断头等。洗后用清水漂净,放通风处阴干,晾时最好在帽内塞入柔软的纸或布团。晾干后,在热水上面蒸一下,这样可使帽形不变。

清洁棒球帽和旅游帽法

将帽子放入肥皂水(水温不得超过 20 ℃)中浸泡 10 分钟,然后用刷子轻轻刷洗,切勿揉搓。刷干净后将水甩干,用手将帽子从里向外撑一撑,放在通风处晾干。当帽檐出现死褶或凹凸不平时,可将帽檐展平后,上下均垫上布用熨斗熨平(熨斗温度不可超过 50 ℃),在帽檐上压上平整的东西,5 分钟后即可。

清洁帽边绒毛法 用海绵蘸清洗剂均匀地涂抹在绒毛上，用一小块干净布轻轻地拭去脏物。然后在盆中放满水，两手分别捏住帽边的两端，在水中轻轻地来回摆动(注意：勿让水浸湿皮)，直到漂洗干净为止，最后放置于干燥处阴干，待彻底干燥后，用梳子轻轻地将绒毛梳顺。

清洁单帽法 先找一个和帽子同样大小的瓷盆，把帽子套在上面蘸洗涤剂刷洗，晾到半干时再按原来的形状整理一下就不会走样了。

清洁棉帽法 洗刷棉帽时最好将其拆开，把棉花取出后再洗，洗好后晾干、熨平，把棉花铺上，再按原来的样子缝好。

洗棉帽时，不可用洗衣机清洗，因为极易变形，故务必用手洗。因为帽子上的污迹主要是头发的污垢和油脂，故可用洗发水清洗。首先，在洗脸盆里倒入热水，再放入一次洗发所需的洗发水，然后用力搓洗，便大功告成。

清洁草帽法 洗刷草帽之前，要除去衬里和所有饰物，然后放进冷水中浸泡几个小时(草帽不会因此而变形)。浸泡后用刷子蘸肥皂液或洗衣粉溶液(1升温水加1汤匙洗衣粉)刷洗。

白草帽在去污后，可用双氧水溶液(3升水加半杯双氧水和1汤匙氨水)漂白，将草帽放在温度与室温相同的溶液里，加热至50～60 ℃，30分钟后取出，用清水刷干净，在阳光下晾晒。

草帽旧了，用盐水刷洗，就可使其焕然一新。

洗棉绒袜子法 洗涤一般的棉绒袜，最好先用冷水浸泡2小时左右，再擦上肥皂用热水揉洗。这样洗，污垢容易去除。不可穿脏后长久不洗，否则容易被腐蚀。

洗化纤袜子法 洗尼龙等化纤袜子时，应放在40 ℃以下水温的肥皂水或合成洗涤液中轻轻揉洗，切忌用力揉搓，否则会降低其弹性。

把袜子洗干净后，浸在放有一点醋的温水中，醋能使尼龙的活动状态变得迟钝，使袜子不容易破损。尤其是新的丝袜，可能因为特别细滑的缘故，很容易弄破。故新的丝袜也可以先浸在加有少许醋的温水中，有了这一层保护，丝袜就能延长穿用时间。

洗羊毛袜法

将中性洗衣粉或皂片放在热水中溶化，待水温降低到 40 ℃时将羊毛袜浸入，然后用手轻轻揉搓。脏污较重处可再抹些中性肥皂（如透明皂）轻轻搓洗。然后用清水漂净，挤去水分，平摊在木板上，盖上白布，在阳光下晒干，这样洗涤过的羊毛袜会蓬松如初。

洗白袜子法

白色的袜子穿过一段时间后就会变黄，可以在热水中加几片柠檬，再把袜子放进去煮，或者将袜子与几片柠檬一起放在热水中浸 10 分钟，这样袜子就能恢复纯白了。

洗白袜子时，在水中放入少许小苏打，先把白袜子放在里面浸泡 5 分钟，然后按常规搓洗，这样洗出的白袜子不仅洁白，而且有光泽，也较柔软。

洗长筒袜法

用洗衣机洗好几双长筒袜子时，往往会缠成一团。如果在洗之前，把所有的袜子成串系在一起再放入洗衣机内，就不会发生这种情形了。

有些人穿袜子容易发臭，甚至用清洁剂也洗不掉。如果用醋洗，就可将臭味完全去除。袜子用洗衣粉洗过后，再放入加有醋的水中泡一会儿，不但可除臭，还有杀菌作用。

洗皮革手套法

皮革手套脏了，可用鲜牛奶 100 克、碳酸钠少许制成溶液擦洗。擦时，将手套套在手上，张开手指，把一块绒布在溶液中浸湿，轻轻擦涂手套各部分，然后再用一块干绒布抹净，皮革手套上的污迹立即可除。

对于发霉的皮手套，可将一杯温水与一杯氨水混合，用脱脂棉蘸混合液擦拭后氨水味会挥发掉。将皮手套翻过来，用棉球蘸点酒精擦拭，干燥后再翻回去，这样可防止手套褪色。

皮手套内手指处因手汗潮湿了，可先准备一些生黄豆，在每一根指头内塞上 5～8 粒黄豆，2 小时后，里面就干燥了。

洗白衬手套法

把脏的白衬手套戴在手上，蘸上水，打上肥皂，最好用增白肥皂，像平时洗手一样轻轻搓洗一会儿，再换上清水漂洗一两次拧干就行了。这种方法也可以洗白线手套或其他薄一点的白手套。

将白手套包在毛巾中搓洗，也能洗得很干净。

洗纱线手套法

洗纱线手套可先在清水中浸泡一会儿，然后放入温肥皂水或洗涤剂中揉搓；若上面有油腻污迹，可再放些食用碱面进行煮洗，约 10～20 分钟，最后用清水漂洗几次即可。

洗化纤手套法

锦纶丝等化纤手套脏了，可用碱水或碱性强的肥皂进行洗涤，不可用太热的水洗涤。

清洗手帕法

用牙膏洗手帕，带在身上揩汗，无汗臭味，还有牙膏的清香。

饰品藏品除污保洁篇

使金项链光亮如新法

金项链佩戴时间长了会发乌，失去原有的色泽，如将它放在一瓶肥皂水中轻轻搅动，即可光亮如新。

纯金项链饰品，可将其放入小瓶中，瓶内灌满水，再加少许氨水，瓶口盖紧来回用力摇动，然后取出用软布擦干，即能使金项链光亮如新。

使金戒指光亮如新法

将香烟灰与菜油各半混合，用来擦拭金戒指，可将其擦得金光闪闪。

丧失光泽的金戒指，以软布蘸少许小苏打小心地摩擦，污垢便可去除，并可使其光亮如新。

使白金饰品光亮法

白金饰品抛光，可用 500 毫升冷水和 40 克氧化铝粉、40 毫升洗洁精制成抛光剂，用软布蘸着抛光白金饰品，然后涂上指甲油，就能使白金饰品光亮如初。

可在 1 000 毫升的 40 ℃温开水中，加入 200 毫升冰醋酸溶液，制成清洗剂，然后将白金饰品放入，浸泡 10 分钟左右，用毛刷刷洗干净，再用清水漂净。

除金饰品污垢法

如果污垢不易去除，可将首饰浸入显影液中，几分钟后取出，用清水冲洗干净，用软布擦干，就可使其光泽耀目。

用软布蘸少许牙膏在清水中轻轻擦洗金首饰，首饰上的污垢或黑锈就可消除。

黄金饰品落有灰尘，可用柔软的毛刷蘸热水轻轻刷洗。

黄金和白金的链子容易积存污垢，用柔软的布或在牙刷上涂牙粉细心地搓揉擦拭，然后用水洗净擦干即可。若污垢很厚，用含有淡酒精的布或刷子细心地搓揉擦拭即可。

用高粱秆里面的白瓤反复擦拭黄金饰品，即可使黄金饰品恢复光泽。

除黄金饰品上白斑法

将有白斑的黄金饰品放在酒精灯上烧几分钟，黄金饰品上的白斑即可去除，如再用软布擦拭一下，就会恢复原有的光泽。

清洗金饰品法

自行清洗金饰品时，在1 000毫升40 ℃温水中加入100克无水铬酸酐和30毫升浓硫酸制成清洗液。先把首饰浸在清洗液中约5分钟，然后用毛刷刷洗，再用自来水冲洗干净，而后把首饰放进浓度为20%的洗洁精中泡10分钟，洗刷，再用清水冲洗干净，用丝绸擦干即可。

将金首饰浸入热溶液（在100毫升水中，加15克漂白粉、15克碳酸氢钠和5克食盐）中2小时，然后用热水加碳酸氢钠溶液（1 000毫升水加1汤匙碳酸氢钠）清洗。

清洁镀金饰品法

镀金饰品可用柠檬汁加盐洗，再放入热水中刷洗，然后用软布蘸上面粉将其擦亮。

镀金饰品上的污迹，可取一小块质地细腻的绒布和一个鸡蛋，将鸡蛋打碎后，用绒布蘸蛋清在镀金饰品上轻轻擦拭，即能使镀金饰品光亮如新。如物品表面已发暗，可用2～3个鸡蛋的蛋清和1汤匙漂白粉混合液擦拭，就可恢复原有的光泽了。

使银饰品光亮如新法

银饰品很容易沾污变色，使用香烟灰或浓热米汤刷洗，即能恢复原来的光泽。

用一片生洋芋放在苏打水中煮，然后用来擦银饰品，可保持原来的光泽。

在100毫升水中加入20克硫代硫酸钠，制成硫代硫酸钠溶液。将白银饰品用洗涤剂清洗干净后，再用硫代硫酸钠溶液清洗，最后用清水漂洗干净，即可恢复白银饰品的光泽。

银器有了污垢，用软布蘸些牙膏擦拭便可去除。在擦拭银质器具时，可先用热水将少许牙粉和成糊状，用其涂抹在饰物表面。用抹布擦亮，再拭干，即可使银器光泽如新。

用浓度较高的苏打水擦银器，可使其焕然一新，省时省力又方便。

消除银饰品上黑斑法

银饰品生锈便失去银白色的光泽，表面上有一层黑色的硫化银。如果用砂纸摩擦除锈，一是要损失一部分宝贵的白银；二是有花纹的装饰品会失去原有的美观和图案，而且凹陷处也不易擦干净。可取1 000毫升水放于铝制容器中，加入一点小苏打和食盐，把银饰品投入容器中，并保证银饰品与铝容器接触良好。经过一段时间，银饰品的黑锈便除去了。

在银器上涂一层浓度较低的漂白粉溶液，银器的表面特别是凹处的黑斑会被除去。

银饰品戴久后常会变黑，只要将银饰品浸在牛奶中30分钟，再用柔软的干布擦拭，便能恢复光亮。

擦拭银饰品法

清洁银饰品时，应用棉花蘸蒸馏水擦拭，如用涩味很强的土豆或菠菜汁清理银饰品上的污迹，也有很好的效果。将几片土豆放在苏打水中煎煮片刻，然后用水和土豆片来擦洗银器，既不会伤害银器，又能使银器物品光泽如初。

要保持银饰品的光彩，可用羊毛布蘸氨水溶液来擦拭，也可在其表面涂上一层醋，待干后用水刷洗，银饰品便可光亮如新。

银饰品上的鸡蛋迹，用指尖蘸盐在有鸡蛋污染的银饰品上揩擦，然后冲洗干净。

用白垩粉和甲醇混合成糊状物，或在水中加几滴氨水配成混合液，将此液涂在银饰品上，再用软布擦净。

将银饰品浸泡在显影粉加清水的混合溶液（1包显影粉加1 000毫升清水）中，3分钟后取出。清水漂净后，用干净软布轻轻擦拭，污垢即除。如果首饰花纹部分还嵌有污垢，可再用肥皂水泡洗，用牙刷轻刷。

在柠檬汁中掺入少量的香烟灰抹擦银饰，会彻底除净污迹。银首饰脏了，可先用柠檬汁擦拭，然后用热水清洗，最后用麂皮打磨光亮。易掉色的首饰，可先用柠檬汁擦洗干净，再涂上一层无色的清漆，它就不会弄脏衣服和皮肤了。

将皂荚黑皮去掉，将瓢砸碎，用开水冲泡，待产生泡沫后，浸泡银首饰刷净，效果较好。

清洁镀银制品法

如果是镀银制品被氧化变黑，只能用酒精擦拭。

清洁铜制饰品法

将铜制饰品用醋和盐的混合液洗，然后擦干。

清洁钢质饰品法

将钢质饰品用软布蘸植物油和炭黑混合液顺着一个方向擦，然后用开水洗，擦干后再用麂皮擦亮。

清洗宝石饰品法

镶宝石的戒指上有了灰尘，大多积在下面。可用牙签或火柴棒卷上一块棉花，在花露水、甘油或在氧化镁和氨水的混合物中蘸湿，擦洗宝石及其框架，然后用绒布擦亮戒指。切不可用锐利物清理宝石及其框架，以免使戒指受损。

戒指上的宝石若有白浊时，将毛笔尖蘸上挥发油擦拭，再用水洗，然后以柔软的布擦拭即可。

将带宝石的首饰放进自配的洗涤液(温度为25～40 ℃、浓度为20%的中性洗洁精)中先浸泡 10 分钟，再除尽汗迹污垢，最后用清水冲洗干净即可。

清洗宝石切勿使用漂白水，漂白水中的氯会使合金出现坑痕，分解合金，甚至侵蚀焊接处。由于游泳池的水含氯，在游泳池游泳时不宜佩戴珠宝首饰。忌用含研磨料的洗衣粉、清洁剂和牙膏清洗宝石。

清洁钻石饰品法

钻石饰品上沾油污，最简单的清洗方法是将钻石浸在一小碗混合了清洁剂的温水中，稍后可用柔软的小刷子轻轻地刷洗钻石，最后再用干净的软布轻按钻饰将水分吸干即可。钻石表面清洗不干净时，可以用麂皮擦拭，一般可以在眼镜店或宝石店里买到麂皮。

将少许氨水或白醋倒入一碗开水内，把钻石放入溶液内浸一下，再用牙刷轻轻刷掉尘埃污垢，最后用温水洗净。

钻石饰品上的污垢，可先在水中滴几滴磁头清洗剂，然后把钻石饰品放进水中不停地搅动，最后用清水漂洗干净。

钻石或翡翠、猫眼等饰物上的污垢，可用中性肥皂液连托架一起清洗，然后用清水冲净。

清洁玉石饰品法

玉石上蒙上了灰尘，可在上面打一层液体蜡，然后用毛料布磨光。

清洁玉石饰品时，用棉花团蘸加有少量醋或酒精的水擦拭。

使珍珠饰品鲜亮法

珍珠饰品，可在非常咸的水中清洗，然后用丝绒擦亮。

洗擦珍珠时，可先将其放入牛奶中浸一夜，第二天用益母草烧灰滤汁，加入少许面粉，然后把珍珠装入丝绢的袋子里，浸入水中，用手轻轻搓洗，珍珠的颜色可鲜亮如新。

珍珠饰品的表面有了黄迹，可将饰品放入10%的稀盐酸溶液中浸泡片刻，捞出后漂洗去残留的稀盐酸，用餐巾纸吸去水分，即能使饰品光亮如初。

除珍珠饰品上污垢法

珍珠上的污垢，可用软布蘸淡肥皂溶液或微温的热水擦拭，然后用清水漂洗掉残留的肥皂溶液，用软布吸去水分。珍珠饰品不可以用自来水冲洗，因为自来水中含有次氯酸，次氯酸浸入珍珠中后会生成氯化钙，使珍珠失去原有的光泽。

珍珠饰品的污垢，可用镜头纸或擦眼镜或照相机镜头用的绒布来擦拭。

珍珠饰品落有尘垢后，可用柔软的布蘸优质细腻的牙膏或冷霜擦拭，然后再放入清水中漂去残余的牙膏或冷霜，用干净的软布或餐巾纸吸去珍珠上的水珠，放在阴凉通风处晾干，如用干蜡或汽车用喷蜡上光将会更好。

珍珠如果非常污秽必须要用肥皂液清洗，必须用清水将珍珠表面上的肥皂液冲洗干净，擦干后置于毛巾上自然风干。风干后的珍珠可用毛巾蘸橄榄油擦拭，不但能够保持珍珠的湿度，以免珍珠表面龟裂，而且可使珍珠看起来更为亮丽。

人造珍珠千万不能用水洗，用薄纸揩擦就可使其发出耀眼的光泽。

处理变色珍珠法

汗迹和脂肪会使珍珠变色，应该在使用当天用软布擦拭，尽可能用丝制手绢擦拭。串线上的污迹也会使珍珠内部变色，所以也要擦干净。

珍珠出现了水锈时，只要用软布蘸点食油擦拭就可以了。

若珍珠染上了油质，可用鹅鸭粪晒干烧灰，用热水滤汁，把珍珠放入丝绢袋中浸入搓洗。

珍珠上有了赤红迹，可用芭蕉汁擦洗，并浸上一夜，珍珠就会变白。

将已变色的珍珠放入豆腐水中浸泡2～3小时后取出来，珍珠会重新光洁明亮。

使象牙饰品洁白法

清洗象牙饰品时，用豆腐汁或豆腐渣浸着擦拭，即可如新的一样洁白。

用白面和酒精和成面团，敷在象牙饰品上，片刻后将其擦掉，即能使其变白。

先用苏打水洗象牙饰品，然后抹上一层糊状漂白粉，放置10小时后，再用软布把漂白粉擦掉，即可使象牙饰品恢复洁白。

将发黄的象牙饰品放在苏打水溶液（450毫升水加15克苏打粉）中洗一下，然后抹上一层调成糊状的漂白粉，放置约10小时后用软布把漂白粉擦掉，象牙饰品就能恢复原有的白净了。

象牙饰品存放的时间长了就会变黄，要使其变白，可先用牛奶洗，再放在太阳下晒。也可用柠檬皮蘸上精盐擦拭，然后冲洗干净并立即擦干。

如果人们没有时间，不能等象牙慢慢地自然形成光泽，可把象牙放在很浓的甜咖啡里。要注意的是，应随时观察其颜色的变化，一旦变成令人满意的颜色就将其捞起来擦干，然后再擦拭光亮。

清洁象牙饰品法

用优质牙膏顺着象牙的纹路揩擦。

用汽油与滑石粉混合，或者用柠檬汁和白垩粉混合成糊状物，用湿布蘸之涂于象牙制品上，待其干后，再轻轻地刷去粉质物，并用软布擦亮。

用切开的柠檬蘸细盐擦拭，然后冲洗干净，立即擦干即可。

清洁珊瑚饰品法

珊瑚饰品久用后有了污垢，可用皂液洗净擦干，然后用软布蘸植物油擦亮。

在浓盐水中浸 5～10 分钟，然后用清水冲净。

清洁琥珀饰品法

琥珀饰物，包括项链、胸针和手镯等，清洁时可用软布蘸加有肥皂水和氨水的混合液洗，然后擦干，即可使其恢复原貌。也可用温牛奶洗。

清洁玳瑁饰品法

可用淡漂白粉水或中性肥皂水清洗，然后用清水冲净，并立刻用干布将水擦干。

清洁玛瑙饰品法

将玛瑙饰品浸入冷水中，7～8 分钟后捞出，用柔软的毛刷刷洗干净，再用清水漂洗。

清洁玻璃工艺品法

雕花的玻璃工艺品易脏，有时只靠擦洗还不能清除掉残存在凹洼处的污垢，此时可用牙签缠上布条，沿着花纹蹭擦，也可使用麻或麂皮擦磨，效果更好。

如在玻璃雕花处有不易洗去的污迹，可用新鲜土豆皮(稍厚些)覆在污处，放置一夜，然后用清水将污迹冲掉。

将抹布浸湿，缠绕在筷子上，再沾些米糠，在玻璃工艺品的内侧和外侧来回擦拭，擦拭干净后，用清水冲掉米糠，再放入热水盆中，盆里倒半杯醋，浸泡 15 分钟后用清水冲净，将其倒放在干毛巾上沥水即成，切勿用布或毛巾擦。

清洁花瓶法

将醋倒入花瓶内，醋很快就会把瓶内壁上的膜状物溶解掉，再用水冲洗几遍，就能清洁如初。

取鸡蛋壳适量，掰碎后放入花瓶内，再加少许清水，用一只手堵住花瓶口，另一只手托住瓶底，上下左右反复摇晃花瓶即可将瓶内壁的污迹除去。

将破旧的纱袜套在手上，擦拭灯泡、凸凹花瓶或贝雕工艺品等器物，既方便又好用。

对于细颈花瓶内的污垢，可在瓶中倒入 3/4 的水，再加一把生米粒，然后堵住瓶口使劲摇晃，即可将花瓶内的污垢清除。

清洁奖杯法

装饰用的奖杯放久后会蒙上一层灰尘而变得黯淡无光。可先用一块法兰绒布或纱布蘸苏打水擦拭，再用布擦干，便能清洁干净，并能闪闪发光。

除雕刻品霉迹法

先用漂白粉溶液（漂白粉与水的比例为 2∶1）擦洗，再用清水洗净，用吸水纸吸干。

使画（相）框光亮法

金属画框生了锈，可用土豆皮擦，能擦得亮铮铮的。

用棉花团蘸点醋小心地擦拭镀金画框，可使变旧的画框重放光彩。

以啤酒擦拭镀有金边的画（相）框，可保洁净如新而不丧失其光泽。

先用刚切开的葱头擦拭，然后用软呢料擦亮，可使画框或镜框恢复原来的光泽。

清洁画（相）框法

要清洁镀金的画框，可将一个鸡蛋清和 1 汤匙小苏打混合，用海绵蘸此溶液揩擦画框的表面。

用洗涤剂擦洗画框表面，再用一块软布揩擦。

清洁木制画框时，先要除去灰尘，再用一块软布蘸些沸热的亚麻子油揩擦。

镀金画框弄脏了，可用 1 个蛋黄和漂白水调和，然后用这种液体擦拭污迹，再用水清洗，最后揩干，就可清除污迹。

苍蝇等昆虫落在画框上造成污迹，可用热水浸泡碎洋葱，用棉花球蘸水擦抹，既能除去污迹，又可使苍蝇不再飞来。

清洁龟甲和动物角法

可用手蘸凡士林、橄榄油或亚麻子油揩擦这些装饰品，然后用软布擦去油迹。对于动物的角，在涂油之前可用湿布揩擦。

清洁珠状物法

将珠状装饰品放在一盆高辛烷汽油中挤搓，直到清洁为止。再用纯汽油清洗，并置于室外晾干，使汽油挥发。

清洁漆器饰品法

要恢复漆器装饰品的光泽，可将其浸在含有柠檬汁或酸牛奶的温水中，然后用软布揩擦，再放在较热的地方烘干，用布擦亮。

漆器有了油垢，可用适量的油菜叶擦洗，既可除污，又不会损伤漆面。

擦乌木饰品法

先用湿布擦乌木饰品，然后涂上亚麻子油，再用软布将其擦亮。

清洗缝制玩具法

绒制玩具脏了，可用蘸有煤油的棉花团擦拭，几小时后再用刷新地毯的粉擦拭。然后将其放在通风处晾干，再小心地将粉刷掉。

缝制的玩具弄脏后，可用中性洗洁剂或香波溶于温水，用软布、旧牙刷等蘸此溶液刷洗，然后用清水将洗洁剂除去，用吹风机烘干。

取少量粗粒盐放在大塑料袋中，将要清洗的毛绒玩具放进袋子中，系好口，上下使劲摇晃 20 次左右。将毛绒玩具拿出来，把表面沾上的粗粒盐抖干净，就会发现粗粒盐变黑，沾满了灰尘。

擦洗草包饰品法

灯芯草包饰品有了污垢，可用软布蘸少许氨水溶液擦洗。用柠檬汁擦拭稻草制的饰品再晾干，就会使其变得很干净。

清洁石膏制品法

石膏塑像易染上灰尘，要经常用洁净的软毛刷或毛笔等轻轻地掸刷，也可用洁净的细软布揩抹。

如果石膏塑像很脏，可用一小块肥皂制成肥皂水，在 1 000 毫升肥皂水中加入10～20毫升的氨水，将石膏像浸入，轻轻地用手洗涤10分钟左右。

在500克牛奶里加5克锌白，用软刷调和；然后用法兰绒布蘸着这种混合物打磨石膏制品，再打上滑石粉，最后用布擦亮。

将面粉调成糊状，用软毛刷蘸糊涂在石膏制品上，等面粉糊干透了，再用干净的刷子轻轻地刷掉，灰尘便可除去。

如果石膏制品上的污垢较多，不易洗净，可用细砂纸轻轻打磨，石膏制品就洁白如初了。

将加有一点有色蜡的石蜡加热，再根据石膏像的大小，或把它泡在石蜡中，或把石蜡刷在石膏像上，不管怎样，等其干后都应用软布擦亮，石膏像就会出现古董色泽，颇为别致雅观。

清洁塑料花法

家庭中摆设的塑料花，放久了会积上一层灰尘。可以用吹风机吹干净，十分简便。

在洗衣机的缸内注入清水至高水位，若花太脏可稍微加点洗衣粉，采用双向水流洗涤。然后用手捏紧塑料花的枝条，把花浸入洗衣机缸内，不要放手，洗涤1～2分钟后取出，抖去花瓣上的水珠，塑料花就会恢复原来鲜艳夺目的色彩。

清洁绢花法

绢花脏了，可先用毛刷刷去灰尘，然后用毛笔蘸点汽油轻轻刷即能复新。

清洁纸制饰品法

纸制饰品，可用海绵蘸少许冷水擦拭，趁湿时撒上面粉少许，待干后用软布揩擦。

除邮票上油迹法

将邮票放在平底的浅碟中，放少许汽油浸泡5～10分钟，用镊子将其轻轻夹出，放在一张干净纸上（不要用吸水纸吸干），等汽油挥发后，邮票上的油迹也就随之消除了。

用棉花球蘸汽油或酒精轻轻擦拭邮票的油迹，擦拭时要勤调换棉球与邮票的接触面，以防沾在棉球上的油污重新蹭在邮票上。擦洗干净后，用吸水纸吸干。

将有油污或墨迹的邮票放入由钠酮液和2%的稀释草酸液按35∶1的

比例配制成的去污液里，浸泡3～4小时后，用镊子轻轻夹出，放入清水中冲洗一下，即可去除邮票表面的油污。然后将邮票面朝下轻轻放在干净的玻璃板上晾至半干，将邮票放入书本中夹起来。几天后将邮票取出，邮票即焕然一新。

除邮票上蜡迹法

邮票上若沾有蜡迹，如果时间不长，可将邮票夹在两张吸水纸之间，用熨斗熨烫一下，污迹便会除去。

除邮票上墨水迹法

邮票沾有蓝墨水迹时，可将小苏打和漂白粉按1∶1的比例溶于水中，然后将邮票放入，蓝墨水迹很快就会消失。

将盐溶于热水中，待稍凉时将邮票浸入，蓝墨水迹即可消除。

除邮票上黄斑法

邮票保存时间长了会出现黄斑。将半瓶牛奶倒入搪瓷杯里，加一小匙食盐，放到火上加热。然后将牛奶晾凉，把有黄斑的邮票浸泡在牛奶里。1～2小时后将邮票轻轻夹出，用干药棉拭去奶迹，再用清水漂洗一下，晾干后黄斑即可去除。

防收藏邮票受潮发霉法

集邮爱好者最担心和害怕邮票在梅雨季节受潮而发黄泛色，为了防潮驱霉，可用电吹风吹热风驱潮，贵重的书画、磁带和录像带等，也可用同样方法驱潮。

除邮票上污迹法

将有污迹的邮票放在定影液中浸泡5～6分钟，然后用清水漂洗干净，放在阴凉处晾至半干，再夹在吸水性较强的新闻纸或皱纹纸的书中，过1～2天取出，邮票便光洁如新了。

清洁书画作品法

书画作品因潮湿而生出霉斑，可直接用脱脂棉球蘸少许酒精，轻轻地在霉斑处擦拭，直到除净为止。

书画作品沾上油迹，可先将吸水纸放在书画油迹处的下方，然后用熨斗轻熨几遍，便可除去油污。

书画作品上沾了蝇虫的便污后，可用脱脂棉球蘸点醋或酒精，在污点处轻轻擦拭，直到除净为止。

取一片白面包轻轻地在油画表面拍打，可以清除上面的灰尘和污垢。

除书籍上油迹法

书籍上沾了油迹，可在油迹上放一张吸水纸，然后用电熨斗轻轻地熨几遍，直到所有油迹吸尽为止。

在书籍的油污上撒些干燥牙粉，再盖上干净白纸，放几天后抖去牙粉，反复几次，即可将油污除去。

在书籍的油迹上滴几滴汽油和氧化镁混合剂，然后用棉球擦除。

除书籍上墨迹法

在染有墨迹的书页上，先垫一张吸水纸，用浓度为20%的双氧水溶液浸湿墨迹，然后在书面上再放一张吸水纸，压以重物，干后墨迹就会消失。也可用棉球蘸高锰酸钾溶液擦除，如果留有高锰酸钾褐斑，再用草酸或柠檬酸溶液除去。

除书籍上霉斑法

书籍上的霉斑，可用棉团蘸氨水轻轻擦拭，直至除净为止。也可用浸过明矾水的棉团擦拭，然后用吸水纸将水吸干。

除书籍上锈斑法

书籍上的锈斑，可用草酸或柠檬酸液擦去，然后用清水将书页洗一下，用吸水纸夹好书页晾干。

除书籍上污迹法

书籍上苍蝇叮后的污迹，可用棉花蘸醋液或酒精擦拭，直至除净为止。

书在书架上放的时间长了，上裁口会沾有污迹。可将书取下，吹去浮尘，然后用新鲜的面包瓤擦拭。也可用细砂纸将裁口处的污迹磨去。用此法也可除去裁口处的笔迹和图章痕等。

用擦过白蜡的毛料布擦拭精装书籍，既可去除尘垢，又能保持其原有的色泽。

书刊上若印上很脏的手指印，可用棉花蘸肥皂水擦拭污迹处，待污迹消失后再放上吸水纸，把书上的水分吸干。

清洁印章法

印章上积下的印泥垢如果用牙刷刷会损伤印章。最好是用口香糖的胶质去粘，只要反复粘几次，就可把印泥垢都粘去，这时印章就变得很干净了。

用旧牙刷将印章内污垢刷除，或蘸洗洁剂擦拭。

将熔化的蜡油滴在印章上，待蜡凝固后将蜡剥下，即可粘除污物。如一次不行，可再来一次。

印章的侧面沾有污迹，可将一块布平摊在桌上，将印章有污迹的一面在布上来回研磨，既可去除污迹，又可使印章光亮如新。如污迹除不去，可在布上抹些牙膏，适当滴几滴水，再用上法研磨。

可在厚纸板上套几根橡皮筋，将印章在橡皮筋上来回刷动，或在一根打了许多结的橡皮筋上来回搓揉，即可将印章沟缝中残留的印泥清理干净。

清洁照片法

照片上留下了指纹，可用软质布轻轻擦拭。如果擦不去，可用纱布或毛笔蘸上溶有少量中性洗涤剂的温水轻擦，再用清水将洗涤剂除去，用干布将照片擦亮。由于照片的表面涂有明胶，如果沾水时间较长，照片就会发软，所以清洗时动作要快。

对一般陈旧发暗或有浅淡污迹的照片，用棉团蘸酒精仔细擦拭即可去除污迹。

除照片底片上霉斑法

将发霉底片放入清水中清洗 10 分钟，待底片上的药膜彻底浸透后，用脱脂棉轻轻将霉斑点擦除即可。

霉斑较重，可将底片放入新鲜的 D－72 显影液中浸泡并不断翻动，使其均匀接触药液。5 分钟后取出，再用 5％的冰醋酸溶液洗去底片上残留的碱性物，最后用清水漂洗 15 分钟，取出晒干。

除照片底片上黄斑法

底片上有黄斑，可将底片放进清水中漂洗，然后再放入 25％的柠檬酸与尿素的混合液中浸泡，3～5 分钟后将底片捞出，用干布擦干，黄斑就能消失。

处理照片底片上划痕法

照片底片一旦不慎划伤，可先将底片放进清水中漂洗，5分钟后，底片药膜吸水膨胀。取出晾干，药膜干燥后收缩，轻微的划痕就能消除。也可先把底片放进清水中漂洗晾干，然后用脱脂棉沾一点牙膏，在底片背后摩擦抛光，能减轻痕迹。

处理照片底片上指纹法

轻微的指纹迹，可将底片放在清水中洗去，严重的要用脱脂棉蘸上四氯化碳溶液擦洗。

清洁纸牌法

对于收藏的纸牌，要想去掉上面的手印，可用棉花团蘸点凉牛奶小心地擦拭，然后揩干、擦亮。

如果是一般的清洁纸牌，只要用一点滑石粉洗几下就可以了。

纸牌表面上的污垢，可用面包擦除，严重的污垢，可用汽油擦拭，就可保持原有的干爽。

居室及家具除污保洁篇

使旧家具光亮法

家具用旧了，上面的脏东西往往不易去除，先用盐水后用热水擦拭，可使其干净如新。

用纱布蘸少许酒精擦拭旧家具，可使光泽暗淡的家具色泽一新。

用抹布包上花生、核桃或松子等的仁擦拭家具，可使家具增亮。

每隔一段时间，应将木制家具清洁一次，洗时可用柔软的布或海绵蘸温热的淡肥皂水进行擦洗，干透后，再用家具油蜡涂刷使其光润。

如果木制家具使用年久，漆面暗淡，可将花露水浸湿软布，轻擦 1～2 次，再擦一次地板蜡，木制家具便会恢复光亮。

新鲜的蛋壳在水中洗后，可得一种蛋清与水的混合溶液，用这种溶液擦玻璃或其他家具，可增加光泽。

取少量缝纫机油滴在一块软布上，在家具上反复擦拭，然后用干净软布揩干，漆面明亮而光滑。

将橘皮加水煮成橘皮汁，用抹布蘸橘皮汁擦拭木制家具，能保持家具的光亮。

用纱布包裹做豆浆剩下的豆渣擦抹原木颜色的新家具，很快就会使家具生出古拙的光泽，而且表面光滑，易保清洁。

擦去木制家具上污垢法

取一块干净的抹布放在过期不能饮用的牛奶里浸一下，然后用此抹布擦抹桌子等木制家具，去除污垢效果甚好，最后再用清水擦一遍。

油漆后的家具上沾染了灰尘，可用纱布包裹湿的茶叶渣擦，或用冷茶水洗，会特别光洁明亮。

家具上有了灰尘，不要用鸡毛掸之类拂扫，因为飞扬的灰尘又会重新落在家具上。应该用半干半湿的抹布抹除家具上的灰尘，这样才会抹干净。

厨房里的木器脏了，可用漂白粉水泡上一夜，再用清水一冲就能干净。

油漆过的家具，不要用热水抹，用淘米水抹，既省力又明亮。

木制家具上有些难以擦掉的污垢，可先沾少许牙膏擦，继后再用拧干的抹布擦除。

新家具上不慎滴上染发水，留下污斑，用家具清洁剂对它无能为力时，可以用牙膏挤在软布上，再加一点水，用力擦几下就可去掉。

没有油漆过的木制家具，可先用新鲜的熟石灰和河沙调成混合物擦拭，再用温水洗涤。

新鲜的蛋清在水中洗后，可得一种蛋白与水的混合液，用这种溶液擦拭木制家具可增加光泽。

清洁浅色木制家具法

在浅色家具上涂一层加有松节油的亚麻油，使家具得到保护。

因白木家具易吸收水分，因此脏了以后不宜用水清洗。如用一杯面粉加上小半杯水，揉成几个小面团（硬度和饺子皮大致相同），然后用面团在家具的污处滚动，即可将尘垢粘在面团上。这样去污既不损伤家具，又十分简便。

清洁木雕家具法

木雕家具造型美观，但脏了以后不易清除。木雕家具易吸收水分，用水擦不仅会使家具因潮湿而变形，而且干燥后还会爆裂。如用煮沸的亚麻子油 2 份，再加甲醇、松节油和白醋各 1 份，混合后搅拌均匀，用软布蘸着擦拭木雕家具，然后再用柔软的干布擦干。此法不仅可去除污垢，而且可滋润木质，增加光泽。

清洁栎木家具法

清洁栎木家具，可用软布蘸上沸热的亚麻子油揩擦其表面，然后用软的干皮把多余的油揩去。或者将 1 400 毫升煮沸的淡色啤酒和 14 克糖及 28 克蜂蜡充分混合，当混合液冷却时，用软布蘸其液揩擦木器，等干后再用软的干皮揩擦。

清洁红木家具法

清洁红木家具，可用等量的白醋和热水相混揩擦其表面，然后再用一块软布用力揩擦。

清洁胡桃木家具法

清洁胡桃木家具，可用软布蘸少量煤油擦其表面，然后再用软的干皮揩擦。

除木制家具上油污法

要擦去木器上的油污，残茶是极好的洗洁剂，擦后，再喷洒少量的玉米粉擦，最后将玉米粉擦净。玉米粉能吸收所有附在家具表面的脏物，使漆面光滑明亮。

厨房内的木制家具积存了油污，可用湿布蘸少许漂白粉擦拭。如擦不去，可用漂白粉溶液浸湿几个钟头，再用清水一冲就能干净。

用由精盐水浸泡过的稻草灰擦拭，油污即可除掉。

除木制家具上油墨迹法

在1份水中加2份白醋，用海绵蘸混合液揩擦深色木器上的油墨迹，然后清洗并使其干燥。

取5%的草酸溶液，用一把刷子、一块软木或一片羽毛，蘸此溶液刷洗污迹。当污迹消除后，用清水洗净，再用干净的吸水纸吸干，然后如通常那样擦亮它。

可用浸在盐中的半个柠檬揩擦，然后用清水洗净，彻底干燥后再擦亮它。

除木制家具上墨水迹法

家具刚染上墨水迹，可立即用加有柠檬汁的热水擦拭。

墨水如果没有渗透到木材中，是可以除净的，立即将墨水揩干，然后用一种像乳酪似的蜡敷一遍。蜡干时，用一块湿布擦即可擦去。

墨水滴在木质家具上，应立刻用湿布将墨水吸干，然后用家具蜡把它磨光。如果仍然不能除掉墨迹，应用灰石蜡油在墨迹处擦拭，不久即可复原。

除木制家具上挥发性油迹法

不慎将汽油或其他挥发性油类倾倒于油漆过的桌面时，千万不要用布擦，以免破坏桌面的平坦，应该先用布拭干汽油或其他挥发性油类，然后用花生油或猪油轻抹受损处，就可以恢复桌面的光滑平坦与明亮。

除木制家具上香水迹法

从擦亮的木器上除去香水迹，可先用一点甲醇，再用大量煮沸的亚麻子油轻而快地揩擦污迹。如果污迹非常难除，可在其表面保留一些亚麻子油，24 小时后再用软布揩净。在清漆的表面不宜用甲醇，因为甲醇会溶解清漆。

除木制家具上饮料或糖迹法

打过蜡的木器上留下了甜饮料或糖迹时，可先用热咖啡渣擦拭，然后再用软布擦拭。

牛奶有轻微的去漆作用，因而牛奶滴在家具上应马上把它擦去，然后用家具蜡油把奶迹处磨光。如果仍不能彻底清除，还可以用清除酒精迹的办法来处理。

在茶桌上泡茶，日久会在茶桌上留下一片片污迹。如在茶桌上洒点水，用香烟盒里的锡箔纸来回擦拭，再用水洗刷，就能把茶迹洗掉。用此法洗擦茶具（如茶杯、茶壶或茶盘）同样有效。

在饭桌上不小心把酒弄洒了，应尽快处理，以免扩散。在洒有酒的地方撒些食盐，然后擦拭干净。

除木制家具上咖啡迹法

打蜡家具上的咖啡迹，可用软布蘸上稀释的双氧水洗，然后用清水抹干净。

除木制家具上水迹法

油漆家具出现水迹时，可将橄榄油和 90 度的酒精各半调和，用此溶液擦拭，就能消除水迹。

木制家具上的水迹，可用凡士林加煮沸的亚麻子油揩拭去除，反复数次就能除尽，但注意不可损坏油漆。

家具上溅了碱水，可马上用肥皂水洗擦，再用清水擦净，待干后擦些上光蜡就能保持光泽。

除木制家具上冻斑法

在极低温度下使用抛光剂擦家具时，可能会出现模糊的冻斑点。除去这些斑点，可以点燃一支蜡烛在冻斑处轻轻地左右移动，直到斑点消失。然后用一块热布在原来斑点处摩擦，直到发亮。

除木制家具上蜡烛迹法

除去木器上的蜡烛油脂迹，可用钝刀背轻轻地刮去木器表面的蜡，然后用蘸有煤油的软布擦拭。

打蜡家具上有了蜡烛迹，可先用软纸板把蜡刮掉，然后用松节油和亚麻油各半混合液擦拭，晾干后再打上蜡。

除木制家具上白印法

热茶或热汤误放在家具上，在家具表面往往会留下白色的痕印。可用一块沾有樟脑油或薄荷油的布轻轻地涂抹有痕迹的地方，待干后，用一块软布擦亮，白色痕迹即可除去。

用软布蘸少许煤油、酒精或花露水在被烫白的家具表面擦拭均可除去。

泡一杯浓茶，待茶叶泡开后，用一块绒布蘸上浓茶，在烫痕处使劲地揩擦。不一会儿，白色的印就会渐渐消失，烫白的台面又恢复了原来的光亮。

将凡士林涂于白印处，过1～2天后用布轻轻摩擦，便可以消除其白印。

从擦亮的木器上除去盘子印，可将500毫升沸亚麻子油熬10分钟，再加入140毫升的松节油，搅拌混合后，用一块软布蘸此液快速地涂在印迹上，然后再揩擦一下。

可用雪茄烟灰和橄榄油的混合液擦，然后再将其擦亮。

用蛋黄浆擦拭，经1小时左右再用软布擦干净。

除家具上胶黏剂污迹法

新家具常常贴有纸质的标签，去除不当会损伤漆面。先将贴在家具上的标签撕掉，然后用脱脂棉蘸醋擦拭有不干胶痕迹处，如果擦不掉，将蘸醋的棉花在不干胶痕迹处多浸润一会儿即可除去。

用温水（冬天用热水）把毛巾浸透，在不干胶痕迹处反复擦拭，再用温湿毛巾打上肥皂沫擦净，不干胶痕迹就被擦掉了。

家具上的强力胶迹，要及时用松节油擦拭干净，比事后用刀刮要容易得多。

先用纸在家具残留胶黏剂污迹处反复擦拭(如果家具刚做好不久,用此法即可除去),如没有除去,可用旧布蘸上汽油擦拭。注意:在擦家具的板与板之间的接缝处和贴条子的部位时,布上蘸的汽油不能过多,擦拭动作要快,以免接缝处和贴条子的部位因汽油的作用而开胶。在擦拭的过程中,由于胶黏剂在汽油的作用下会变成柔软的小颗粒吸附在抹布上,因此要根据情况随时换抹布,以免布上的小颗粒又重新粘在家具上。

除木制家具上烫痕法

台面上有一块被热器压过的烙印,可用橄榄油与盐混合,再把这种混合剂涂在有烙印的地方,过1小时再将其抹去。

油漆过的木制家具上有了火柴烫印,可先用半个柠檬擦,再用浸在热水中的布擦,最后再用干软布快速揩干、擦亮。

除木制家具上焦迹法

烟火或未熄灭的火柴在家具漆面留下焦痕,若是漆面烧灼,可在牙签上包一层细纹硬布,轻轻擦抹痕迹,然后涂上一层薄蜡,焦痕就能缓解。

木制家具上若被香烟火轻度烫焦了,可用樟脑油涂擦焦痕处,能减轻其焦痕。

除木制家具上酒精迹法

除去木器上的酒精迹,可用浮石粉和沸亚麻子油调成的厚面团顺着木纹小心地揩,然后再用木器揩擦膏擦抹。

家具上的啤酒痕迹,可用棉花蘸上加有几滴氨水的温水擦洗。

笨重家具上的酒迹,可用汽油擦去,如果酒迹很脏,可用打火机汽油擦抹。

木器上的酒精味,可用樟脑油除去。

除木制家具上擦伤迹法

为了除去木器上的擦痕,可取等量的沸亚麻子油和松节油混合,将此混合液涂在木器的擦痕上,待其缓慢地渗入,再用布不断地擦,直到痕迹消失为止。

深色家具刮伤时，可用咖啡在刮伤部位擦一擦，干了之后，再用湿布擦拭干净。然后，再依上法涂抹一次即可。经过这样处理之后，刮痕就不醒目了。

家具漆面擦伤而未触及漆下木质时，可用同样颜色的颜料涂在擦伤处，再用透明指甲油薄薄地涂一层，即能掩盖伤痕而不易看出。

除木制家具上黄迹法

家具表面的白色油漆日久会变黄，看起来不清爽，这是因为受到阳光照射，或是因为使用了洗涤剂，如用抹布蘸上牙膏或牙粉擦拭，可使变黄的油漆面恢复原来本色。

油漆家具的表面上有了黄迹，可用酒精和亚麻油按 1∶1 的比倒调和，以软布蘸溶剂擦黄迹处。

把 2 个蛋黄搅匀，用软刷子在发黄的地方涂蛋黄，干后用软布小心地擦干净。

除木制家具上压痕法

木制家具上有了压痕，可取一点冷水滴入木料或夹板的凹陷处，用电熨斗压在上面。几分钟后，压痕就消除了。然后用砂纸磨一下，家具表面就会恢复原有的光洁平滑。若压痕较深，一次难以烫平，可重复进行。

除家具中异味法

衣柜或抽屉里散发出霉味或潮湿味时，只要在衣柜或抽屉里放上几块木炭即可。

先用热水加醋刷洗，接着用肥皂水洗，就能很方便地除去木制器具中的霉味。

为了消除家具中的难闻气味，只要在家具内放一杯煮开的牛奶，将门关紧，等牛奶凉了后再打开门，取出牛奶，气味就会消除。

碗橱和箱子里有异味，可用布蘸少许醋擦后晾干，晾干后就能除去异味。

使发黄的藤制家具变白法

藤制品长期使用后会逐渐变成米黄色。若想让它恢复白色，可将草酸溶于热水中(1 杯热水配约 1 匙草酸)，再用刷子蘸着刷。

藤制家具脏了，可先用水浸湿刷洗，然后用点燃的硫磺熏烤，藤制家具就会色白如新。

清洁藤制家具法

藤制椅子，藤绳的部分很容易累积灰尘。去除累积的灰尘，可利用吸尘器的细型吸嘴加以吸除。发现污垢时将抹布用家用清洁剂的稀释液浸泡，拧干后再加以擦拭即可。残留的清洁剂和水汽会损伤材质，所以，虽然清洁工作较麻烦，但用水擦净再干的手续是不可少的，而且最好置于通风良好处阴干 1 天。藤绳散开时，在散开的藤前端涂上木工用黏着剂，再卷回。完成后涂抹家具蜡，可以使其不易散开，并具有去污的效用，一举两得。

藤椅上的灰尘，可用毛头较软的刷子自网眼里由内向外拂去灰尘。若污迹严重，可用洗涤剂抹去，最后再干擦一遍。若是白色的藤椅，则最后还需抹上一点醋，使之与洗涤剂中和，以防变色。

清洁藤椅时，可用海绵蘸加有氨水的开水洗，最后漂洗干净并揩干。

藤椅若已陈旧，积了许多污垢，可用醋或盐水擦拭，既能去污，又能使其柔软而有弹性，更加耐用。

藤椅上隐藏的污尘不易刷去，用海绵蘸少许洗洁剂擦拭就容易除去。

用刷子蘸小苏打水溶液(1 000 毫升温水加 2 汤匙小苏打)使劲刷洗藤编家具，即可去除其上的灰垢。

清洁柳制家具法

常用盐水擦洗柳制家具，可使其不会变黄，常用常新。清洗柳条制品时，要用热肥皂水轻轻冲洗，然后在蔽阴处晾干。柳条椅上的污垢，可用海绵蘸柠檬汁和盐擦拭，再用清水洗后晾干。

清洁折叠躺椅法

折叠式躺椅主要是清洗帆布，将帆布取下后，用加一点氨水的肥皂水溶液刷洗，清洗后置露天晾干。躺椅架可用软布蘸肥皂水擦拭，最后用净布擦干即可。

除榻榻米上灰尘法

把半潮湿的茶叶渣撒在榻榻米上，然后用扫帚扫去。茶叶渣即可把榻榻米上的微小尘埃细屑都卷去，不仅不会扬起灰尘，而且仍能保持席面的光泽。

将旧报纸在水中稍微浸湿，然后一块一块地撕碎铺在榻榻米上，等一会儿再用扫帚扫去。

用加有醋的温热水洗，但切忌用肥皂水洗刷，以免使席面油光退却，容易变黑变旧，且使席质脆弱易毁。

榻榻米上的脏灰粒，用吃完不要的口香糖渣一粘即起。

烟灰或爽身粉洒在榻榻米上时，仅以抹布擦拭无法彻底擦除，因为细微的灰粉掉落在榻榻米的网目中，随时会再度出现。最简单而又有效的方法是洒少许精盐，因为精盐的粒子十分细小，可以将最小空隙中的灰尘粘起。

除榻榻米上墨水迹法

墨水泼洒在榻榻米上时会迅速地扩散，切不可用擦的方式除污。可先以卫生纸或抹布吸掉墨水，然后再用湿抹布仔细擦，再于污迹处倒少许牛奶，继续擦拭即可完全去污。擦拭时，必须顺着榻榻米的经纬擦。

墨水滴染在榻榻米上，欲除去较为麻烦。用强力清洁剂擦洗，当可轻易除去，若无强力清洁剂，使用一般清洁剂与洗衣粉混合，以牙刷蘸着擦拭亦可。在使用清洁剂之前，一定要先用热水将榻榻米擦一遍。

除榻榻米上墨迹法

榻榻米上沾染了签字笔墨迹，可将清洁剂原液倒在抹布上，顺着榻榻米的经纬仔细而用力地擦，若无法擦除，再滴少许醋酸擦之。

若签字笔墨迹已经沾上许久，则需花费较多的时间才能完全擦除。最后一定要使用干布将其全部擦干。

除榻榻米上黄迹法

榻榻米已经陈旧而泛黄时，如用稀释的漂白液拍打污处，可起到清洁之效。

榻榻米被烟蒂熏黄时，可使用棉花蘸双氧水轻轻拍打，即能使熏黄的颜色掉落，不致过于醒目。

除榻榻米镶边上污迹法

榻榻米的镶边多半使用较暗的颜色，虽然不易脏，但是也应注意平时的清洁。镶边泛黄时，直接将清洁剂原液倒在刷子上，快速地刷，然后使用蒸热的毛巾将清洁剂拍除。若沾染了油垢，可将清洁剂溶解在水中，用布蘸此溶液擦。最后，一定要用干布将水分擦干，否则榻榻米将受水的侵蚀而腐烂，镶边也可能脱落或松浮。

除榻榻米上发蜡迹法

可在污迹处洒上去污粉，以牙刷刷擦，然后用吸尘器吸掉去污粉。

清洁皮面沙发法

用香蕉皮的内侧擦拭皮面沙发，既能去除污垢，又能保持皮面沙发的清洁。

先用软布将皮面沙发上的浮灰擦去，然后涂上一层凡士林，等待片刻，再用绒布揩擦，污垢及其他脏物就可以除去。

用醋 3 份和麻油 1 份调和，用干布蘸此去污剂即可擦去皮面沙发的污垢。

天然牛皮沙发的保养最关键之处在于皮面毛孔的呼吸，因此要经常保持牛皮表面的毛孔不被灰尘阻塞，且要经常保持室内通风。平时清理时，尽可能使用纯棉或丝绸软布蘸湿后轻轻擦拭，擦净后用碧丽珠或上光蜡等喷一遍，以保持其光洁。若不小心将圆珠笔等画在皮沙发上，立即用橡皮轻轻擦拭便可去除。

浅色皮沙发使用的时间稍长一点，如不注意平时清洁，就会出现特别顽固的污垢痕迹，可用棉布蘸适量蛋清反复擦拭。此法用于皮革制品的清洁特别有效，而且蛋清还有一定的抛光作用，使用之后皮革会呈现出原来的光泽。

清洁布面沙发法

布面沙发沾有污迹，可用湿布蘸洗洁剂或氨水擦拭。擦拭后的沙发布面若不够平整或卷皱时，可用蒸汽熨斗熨烫。

将绒面沙发搬到室外用藤拍轻轻敲打，把落在沙发上的尘土打出，让风吹走。也可在室内进行，把毛巾或沙发巾浸湿后拧干铺在沙发上，再用藤拍轻轻抽打，尘土就会吸附在湿毛巾或沙发巾上。一次不行，洗净毛巾或沙发巾，重复拍打即可。

沙发如被果汁污染了，立即用 1 汤匙苏打粉在水中调匀，用布蘸水擦拭即可将污迹去除。

布艺沙发，湿擦有可能留下污点，所以用吸尘器吸取表面灰尘。绒毛沙发，可喷上市售的地毯用清洁剂，再用吸尘器吸，则灰尘容易吸下来。即使这样，仍有头发、宠物毛以及灰尘时，就用手像画圆似的把垃圾聚到一块，这样脏东西就容易除掉了。扶手和座面的缝隙里灰尘容易聚集，是难以清除的地方，用带有细管嘴的吸尘器仔细吸。毛绒布料的沙发可用毛刷沾少许稀释的酒精扫刷一遍，再用电吹风吹干，如遇上果汁污迹，用1汤匙苏打粉与清水调匀，再用布蘸上擦抹，污迹便会减退。

除地毯上灰尘法

地毯上的灰尘较多，可利用下雪天来清洁。只要将脏污的地毯平铺在雪地上，用藤拍轻轻地拍打即可。

取一块旧布用水浸湿后拧干平铺在地毯上，用藤拍敲打湿布，灰尘便会被湿布吸附。

将地毯用几根竹竿托起，毯面朝下，在背面上拍打，将地毯上的灰尘拍下，也可以将地毯挂在晾衣竿上，用竹竿在地毯正面拍打。

对小块地毯，用热黑面包渣擦拭，然后将其挂在阴凉处，停留24小时，污迹即可除净。

清洁地毯时，将晒干后的残茶叶（因其对灰尘和水分有很强的吸附作用）撒在地毯上，效果极佳。

白色地毯的清洁较费事，如果在地毯上撒些面粉或滑石粉，擦拭后用吸尘器把它们吸干净，白色地毯就如新的一样。

清洗地毯法

取50克普通肥皂溶化于1 000毫升的沸水中，再加入12克洗衣石碱和三大汤匙容量的氨水，充分混合后装入罐中备用。取两大汤匙容量的上述混合液，用1 000毫升温水稀释，用刷子或绒布蘸此液润湿地毯。用干净的布和水用力擦搓与洗涤，然后将地毯用干布吸干，并于室外充分吹干。

扫去地毯上脏物法

地毯上有颗粒或硬物等，可用软毛刷扫出或用吸尘器吸去。

取精盐末均匀地撒在地毯上，用经肥皂水煮过的笤帚在上面扫，盐可吸附灰尘使地毯具有光泽。灰尘过多的地毯，应用浸过肥皂水的笤帚先扫1～2遍后再撒盐。注意，在扫的时候，笤帚应不时地在肥皂水或清水中浸洗。

取面粉600克、精盐100克和滑石粉100克，用水调和后，加入30毫升白酒。先将上述混合物加热，调成糊状，冷却后把糊状物切成碎块撒在地毯上，然后用干毛刷和绒布刷拭。

除地毯上油迹法

地毯上不慎沾了油迹，可先将油迹处湿一下，再放一小撮苏打在上面，置一夜，翌日用吸尘器吸去苏打，油迹就能消除。

对于不易除去的油污迹，可用四氯化碳液揩擦。

用棉纱蘸取优质汽油（易燃，防火）擦，效果最佳。

用干净布或海绵吸出油质，然后用蘸有洗涤剂的棉布轻轻地刷洗，再用净水布吸净，直到不显污迹为止。

用苯或酒精溶解油质后，再用肥皂水或氨水洗。

把洗衣粉调入汽油之中成为糊状，涂擦在油污之处，涂好后注意别用脚踩，经过三五个小时后，在此处下面垫上毛巾，上面倒点温水，冲洗干净，最后用毛巾吸去水分即可。

将洗衣粉、爽身粉或面粉撒在油迹上面，稍加擦拭，让它吸附地毯上的油污，然后用簸箕撮去。如地毯上还留有残迹，可用刷子蘸中性皂液刷洗，然后用清水刷几遍。

当黄油或调味汁等油性物洒在地毯上，可以先用汽油擦拭，然后再用牙刷蘸洗涤剂刷，最后用温热水把洗涤剂刷掉。

除地毯污迹时，要从污迹的边缘擦起，逐渐向中心缩小，防止污迹向外扩散。擦拭时用力不宜过猛，否则会损伤纤维组织和表面。

除地毯上酱油迹法

酱油等调味料洒在地毯上后应立即用干布擦拭，然后再用布蘸洗涤剂反复擦拭，最后用温热水把洗涤剂擦去。陈迹可用温水加入洗涤剂和氨水刷洗，然后用清水漂净。

除地毯上牛奶迹法

先用残茶叶揉擦，再用氨水或中性洗涤剂擦洗。

可滴一些稀的洗涤液或四氯化碳于污迹处，然后用海绵蘸热水揩擦，最后使地毯充分干燥。

将苏打水喷洒到污迹上，用干性泡沫地毯清洁剂清洗，然后用干洗剂除去残留的牛奶污迹。若去污不彻底,可再次用地毯清洁剂清洗。

涂少许洗涤液,用冷水清洗。然后用干洗剂处理残留油脂污迹,再用泡沫清洁剂清洗。

除地毯上茶和咖啡迹法

快速吸去地毯上的茶或咖啡迹,再用海绵蘸热水揩擦,然后使其干燥。

用5%的甘油水溶液洗除。

不小心将咖啡或茶水洒到地毯上,可先用干布或面巾纸吸取水分,再将白醋洒在污迹上,用干布拍拭清除。

有颜色的食品如咖啡或红茶等不小心倒在地毯上,可先用干布或面巾纸吸干水分,然后在污迹处洒上白酒反复擦拭,就能将污迹清除干净。

地毯上如果洒上了咖啡,只要用洗涤剂多擦几遍,然后再用清水擦净就行了。

咖啡或红茶洒到地毯上时,应立即用拧干的湿布擦。如果成为污迹,用布蘸上苏打水擦拭,最后用毛巾蘸清水擦拭,晾干即可。

冰淇淋迹可用汽油擦拭。

除地毯上水果迹法

用5%的氨水溶液稍浸污迹处,再用毛刷蘸溶液刷除。但氨水对纯毛地毯纤维不利,最好是用柠檬酸或肥皂或酒精清洗。

用布蘸上稀释的中性洗涤剂将污迹吸去,再用温水加少许食醋溶液擦洗,或用地毯清洁剂清洗。

除地毯上糖迹法

液状的巧克力迹,可先吸干,再用海绵蘸少许苏打水轻轻揩擦,然后再用海绵蘸干净的温水擦洗,并让它充分干燥。

割绒地毯上的巧克力污迹,可用通常用的洗涤剂擦洗。但注意,要从痕迹周围往中心擦,然后撒一层滑石粉,再用按1∶1的比例调成的酒精和水的溶液擦洗。

对已被人踩过的干硬的巧克力迹,可先用钝刀刮去厚片,再用四氯化碳轻轻地揩擦遗留下来的污迹。

粘在地毯上的口香糖不容易取下来。可把冰块装在塑料袋中覆在口香糖上,大约30分钟后,手压上去感觉硬时,用刷子一刷就刷下来了。

除地毯上酒迹法

尽快撒些吸收粉剂（如精盐、漂白粉或滑石粉等）吸去酒液，当粉末变黏后小心地去掉它，再加上更多干净的粉末，反复进行，直到大部分污迹被除去。最后撒一层粉末并保持2个小时，然后将它刷掉，用淡的洗涤剂除去留下的痕迹，再用清水很快地冲洗，把地毯揩干或吹干。

地毯上沾了红酒，可用少许白酒擦抹干净。

果酒或啤酒迹，可用棉纱或软布蘸取温热的洗衣粉溶液擦洗，然后用温水加少许食醋的溶液再清洗。

先用软布蘸温洗衣粉溶液刷，再用温水加少量食醋清洗，可除啤酒或果酒的污迹。

酒和不含酒精饮料迹，可涂上稀释的洗涤剂并吸干，或涂上白醋水溶液（白醋与水之比为1∶1），然后吸干。

除地毯上墨水迹法

新的墨水迹，在污迹上覆上一层漂白粉和水混合成的面团，待干后刷掉，如有必要可重复进行。也可撒精盐少许，因为盐具有吸墨性，然后再用温肥皂液刷除。

将酸牛奶滴在污迹上，过几分钟后，用干净的干布擦去，然后再使用加有几滴氨水的温水揩擦。

除地毯上圆珠笔油墨迹法

用海绵蘸甲醇或四氯化碳滴在污迹上，当油墨开始溶解时，用一块干净的布和较多的酒精揩擦，以去除圆珠笔油墨迹。

先用酒精擦拭，等干后再用刷子刷除。

除地毯上蜡笔污迹法

掉落在地毯上的蜡笔，不小心一踩，就会变成一片胶着发亮的污迹。要想处理它应先垫上白色纯棉抹布，在污迹上用高温熨斗烫压10～20秒。加热可使蜡的油分熔化，被抹布吸收，颜色就会变淡。然后用抹布蘸上苯，用力擦除残余蜡笔的痕迹。注意，千万不要让脏物渗透到地毯里面去。

除地毯上墨汁迹法 将墨汁泼到地毯上时，可以用中性洗涤剂或醋水擦拭。只要不是昂贵绒毯，可以用牛奶小心地擦拭。

墨滴到了地毯上，应立即在污处撒些精盐，然后用皂液刷洗直到干净为止。

除地毯上血迹法 用海绵蘸些冷水去除血迹，再用毛巾将地毯拍干，反复多次直到污迹消失。若发现沾上血迹应尽快进行处理。

将白醋和淀粉调成浆擦抹地毯和床垫上的血迹很有效。

除地毯上尿迹法 用薄绵纸或布把尿吸干，然后用海绵蘸干净的温水揩擦并揩干。

取白醋3汤匙和1茶匙的洗涤液，混合后缓慢地滴在尿迹上，15分钟后再用清水洗净，并使地毯干透。

小孩尿湿地毯后，应先用纸吸去尿迹，然后用苏打水或白醋水溶液擦洗尿迹。

用毛巾蘸稀释后的醋水擦拭，再用布蘸上酒精擦拭，最后用毛巾蘸清水擦拭，晾干。

可用柠檬汁水洒在尿迹上，再用干布吸干。

新迹用温水或10%的氨水液洗除。陈迹先用洗涤剂洗，再用氨水液洗，纯毛地毯要用柠檬酸洗。

除地毯上油漆迹法 除去地毯表面上的油漆干迹，可用三氯乙烯揩擦。

除地毯上铁锈迹法 取酒石酸氢钾和柠檬汁各2汤匙倒入1 000毫升水中，待其溶解，用海绵蘸此溶液揩擦锈迹，过1分钟后，快速用清水冲洗，并使地毯充分干燥。

地毯上沾上了铁锈，可用3%的草酸和10%的氨水擦拭，然后用清水擦洗干净。

除地毯上蜡油迹法

可用卫生纸盖在上面，用电熨斗熨烫，由于熨斗的热度，蜡会熔化，卫生纸就可以将蜡油吸起来了。

除地毯上烟油迹法

用刷子蘸浓盐水刷除，然后再用清水擦净，用干布吸干。

用汽油擦洗清除。

除地毯上烟灰迹法

将精盐撒在烟灰上，然后用笤帚扫，烟灰会沾在精盐上一起被扫掉。

用笤帚或刷子蘸浓盐水将烟灰扫除，然后用干净的布蘸清水擦净，再用干布或餐巾纸将水吸干。

除地毯上雨水迹法

可用海绵蘸甲醇揩擦，重复进行至雨水迹消失为止。

除地毯上污水迹法

地毯被污水浸透后要立即处理，及时把水分吸干。若受潮部位较小，可在受潮部位撑一张小凳子，旁边用一个热风器使空气流通，快速地使地毯干燥；若受潮面积较大，则应将地毯露天吹干。一旦地毯干了，在水迹上滴些淡的洗涤剂，用干净的布揩擦后再洗净且吹干。

对付地毯上的污水，可取细盐撒在地毯的脏处，然后用洗干净的湿笤帚将细盐扫匀，10 分钟后再用吸尘器除去盐末和灰尘，地毯就能干净亮泽。

除地毯上口红迹法

先用干洗剂轻轻地涂擦污迹，然后用酸性溶液洗涤，最后在一杯水中放入 1 茶匙氨水，混合均匀后轻轻漂洗，即可去除口红迹。

除地毯上粪便迹法

将抹布沾水后拧干，用以擦拭污处，再用布蘸醋擦拭。如果还有味，可用洗涤剂擦拭一番后再用醋擦拭，最后用电扇或吹风机将地毯吹干。

除地毯上涂料迹法

油基涂料迹用松节油(易燃,防火)涂擦,水基涂料迹用温水涂擦。

除地毯上白色污斑法

先按1 000毫升水中加入5毫升双氧水和2毫升氨水的比例制成漂白液,然后用漂白液去除。

除地毯上污泥迹法

机织割绒地毯上有了污泥迹,可用加有醋的水(1 000毫升水加12毫升醋)擦洗,然后用清水洗净且晾干,刷一刷就好了。

处理地毯上压痕法

地毯被家具支脚压损,以镍币的边缘在压损处轻擦一遍,再用喷水器略微予以润湿,用毛刷刷一下,即能焕然一新。

清除地毯上的家具压痕,可用蒸汽熨斗烫,由于蒸汽的作用,被压倒的地毯毛又会竖立起来,然后再用稍硬一点的刷子刷一刷即可。这完全靠蒸汽使倒毛竖起,所以不能用力压熨地毯。

家具压着地毯太久,就会把地毯上的毛压扁,一看就知道是家具压出的痕迹。处理此痕迹时,可用湿毛巾盖在上面,用熨斗烫过后,再用牙刷将毛刷顺,家具压出的痕迹就会完全消失。

居室里的地毯上,由于家具或其他物件的重压,有时会有凹痕。将浸过热水的毛巾拧干,敷在凹痕部分5~10分钟,然后移去毛巾,用电吹风和细毛刷边吹边刷,即可使之恢复原状。

处理地毯上焦痕法

焦痕不严重时,可用硬毛刷将烧坏部分的毛刷掉。若是较严重的焦痕,可把压在家具下面的毯毛剔起,用胶粘剂将它粘在焦痕处,再用书本压在上面,等到干后再进行梳理。

用镍币刮去污迹,除去烫焦的纤维。

除地毯上霉味法

黄梅季节多雨潮湿，地毯容易脏污且有霉味，先用吸尘器吸去灰尘，再喷些玉米粉，霉味即可清除。

地毯直接铺在水泥地上极易受潮，只要在铺时先在地面上糊上一层柔软的纸，即可防潮湿了。

使地板光亮法

擦地板时，在水中加几滴色拉油，可使地板非常光亮。或者用发酸的牛奶加少许醋擦，不但可去污，而且能擦得很光亮。

用布袋装豆腐渣擦拭地板，可以保养地板，因为豆腐渣中所含的油分会渗入木地板中，可使地板愈擦愈光亮。

在拖布下放一张带蜡的纸，轻轻地在地板上来回拖，可使地板擦得又快又亮。

用抹布沾着淘米水来擦地板可使地板光亮。

用布袋装米糠擦拭地板，因为米糠中所含的油分会渗入地板中，可使地板愈擦愈光亮。

油漆地板上的污垢，可用浓茶汁擦。在水里加少许氨水，可使其清洁发亮。

除木地板上一般污迹法

取75克蜂蜡溶入280毫升的松节油中，置于双层锅里加热，使其成为油状的混合物。先用亚麻子油涂在地板上，然后再擦上述混合油，待20分钟后用力擦拭即可。

将燃烧剩下的蜡烛头积存起来，当收集到一定数量时，将其切碎去掉烛芯，称其量，加入等量的松节油，置于装有冷水的锅中隔水煮沸，使蜡烛熔化，搅拌后倒入罐中冷却备用。为了使擦地板轻松而省力，使用前地板蜡可稍微加热一下。

在大锅中放入软肥皂、漂白粉和苏打各450克和2 270毫升的水充分混合，将它们煮沸并熬至原来体积的一半，然后冷却并存入罐中备用。用硬刷蘸此液刷净地板上的污迹，通常可以顺着地板的纹路刷，然后用热水清洗并使之干燥。

取切碎的肥皂和石碱各100克与4 400毫升的热水溶化混合，用一把硬刷子蘸此混合液擦洗地板，然后拖净且吹干。

如果地板上有鞋后跟的痕迹不易去掉，可试用橡皮来擦，不多时便除净痕迹。

如果不小心将油泼洒到地板上，直接用抹布擦拭会使油扩散开来，脏污面积会扩大。可在处理之前先撒上一些面粉，让它吸收完油分后再用抹布擦拭，既可避免油污扩散，抹布也不会油腻而难以清洗。

用松节油和漂白水按 1∶1 的比例兑成溶液，然后用这种溶液擦拭地板。

将雪撒在地板上后再用扫帚扫，既扫得干净，又不扬灰。

用烧过的蜂窝煤灰擦抹厨房地板上的污迹，然后再在拖把上洒点醋拖抹地板，就很容易除掉污迹。

地板上的污迹及蜡笔迹等，均可用细砂纸擦去。

木制地板上的顽固污迹，用棉球蘸些酒精即可擦拭干净。

清洁塑料地板法

铺设塑料地板时，地板表面难免被胶污染，在铺完后用软布蘸工业用的酒精擦，即可除净胶迹。

塑料地板上沾污墨水、汤汁和油腻，只要用少量汽油轻拭即可将污迹除去，也可用柠檬酸溶液除去，再用热碱水洗。

塑料地板上的污垢可用海绵、棉纱等蘸洗衣粉水擦拭，不要用硬布或毛刷之类的物品刷，以防出现划痕而影响地板寿命。

除地板上油迹法

将地面灰尘扫干净之后，使用去油污专用的清洁剂，倒在较粗的刷子上用力刷，即可使油污清除。

在地板上油迹处涂上汽油等溶剂，撒上滑石粉，盖上一张吸水纸，再用熨斗熨一下。若油迹未除净，可重做一次，直到油迹消失。

用醋和黏土混合成膏状，涂 2 厘米厚，过几天后揭去，再用热肥皂水洗刷。

地板上有润滑脂之类的油迹，可用煮沸的浓苏打水清洗，再在污迹处覆盖用漂白粉和热水溶和的面团，次日再清洗，就能去除油迹。如一次未除净，可再进行多次。

除地板上蛋迹法

如果不小心把生鸡蛋掉在地板上，可先在蛋液沾污处撒上一些食盐，过 15～20 分钟再擦拭，就能轻而易举地将污迹去除干净。

除水泥地面和木地板上墨迹法

水泥地面若洒上墨汁通常很难擦去。如将少许食醋倒在墨迹上，过 20 分钟后，再用湿布反复擦拭即可将墨迹擦掉。

没有油漆过的木地板的墨迹，可将硫酸和水按 1∶1 的比例制成硫酸去污剂。用硫酸去污剂将墨迹润湿，直至墨迹消失，然后用碱溶液洗涤，最后用清水清洗。

油漆过的木地板上的墨迹，可用细浮石粉和亚麻子油调成稠剂，可以去除家具或地板上的墨迹。

除地板上口香糖法

清漆或喷漆地板可先用竹片轻轻地将口香糖刮除（切不可用刀片刮除），然后用湿布蘸上煤油擦拭（如果怕油漆脱落，可用一般的洗涤剂擦拭）。

塑料地板上若粘有口香糖时，可用小木棍包上布蘸洗涤液擦拭，但用力要轻，切勿用力过猛，免得塑料地板出现划痕。

除地板上乳胶法

粘木板用的乳胶洒在地板上不易去除，若用抹布蘸点醋轻轻擦拭，乳胶就会轻松地去除了。

除地板上酒迹法

打蜡地板上的酒迹，可先用松节油擦拭，再重新打蜡。

除地板上血迹法

如果地板上沾有血迹，用氨水擦拭即可。

除地板上油漆迹法

地板上若滴有其他颜色的油漆，用细砂纸轻轻一擦即可去除。

将湿布垫在漆迹处，用电熨斗熨几遍后就容易刮除了。

使地板变白法

想使白色木地板变白，可先用浓度较低的漂白粉溶液洗（1 000 毫升水加 8 汤匙漂白粉），然后再用稀释的氨水清洗

(1 000毫升水加 1 汤匙氨水)。

除马赛克上污垢法 粉刷墙壁溅在马赛克上的灰浆,可用水洒湿后反复用棕刷刷,并随时用抹布抹去污水,重新洒水且再刷,反复数遍就能除净。

对施工后留下的水泥斑,可洒上水,用细油石(或磨刀石)磨掉。注意,不可用粗石,以免使马赛克失去光泽。

马赛克上的油污菜汁,可用温热的肥皂水刷洗,再用清水抹净。

经常积聚尘垢的地方,多为马赛克在此处有凹陷,可洒些水,用细油石(或磨石)将此处磨平,除去凹陷,可不再积尘垢。

除地面污垢法 石质地面的污迹,可用硬刷蘸热肥皂水与石蜡油的混合液刷除。

水磨石地面在去污后应立即打蜡上光,每天用煤油拖布擦地可保持清洁。

在拖布上倒一点醋,即可以擦掉水泥地面上的油垢。

将烧过的蜂窝煤煤灰掺入适量洗衣粉,用以洗刷水泥地面,即可去除油污。

如果水泥地面上的油污太多,难以去除,可在晚上将调成糊状的草木灰均匀地涂在地面上,次日早晨再将草木灰清去,然后用水反复冲洗(或用汽油擦拭),就能使地面焕然一新。

厨房和客厅常因做饭和吃饭,洒到水泥地面上一层油污,既不卫生又粘脚。倒上一些食用醋,用拖把用力拖几遍就能把油污除掉。

清除地板上碎玻璃法 散落满地的玻璃碎片非常危险。如果肉眼看得见,就以带有黏性的胶带粘起;如果成粉末状,应以棉花蘸水吸起,或者撒点饭粒,将其扫集,再以吸尘器吸起。

在玻璃散布的地板上,也可用一块湿肥皂按擦,玻璃屑就会粘在肥皂块上,随时将其刮下再按,直到清除完毕为止。

擦拭大理石法

清洁大理石时，可用优质肥皂和水刷洗。不重要的部位，可在水中加一点氨水，干燥后擦亮。

要将大理石擦亮，可用水将白垩粉弄湿后揩擦其表面，或者将2份石碱、1份浮石粉和1份白垩粉，用水混合成膏状物。将此膏状物涂于大理石表面并留置24小时，然后用肥皂水洗去，干燥后再用软布擦亮。

要除去大理石上的烟灰，可用肥皂水擦洗。

将极细的石粉末和醋各等份，搅拌均匀后涂在大理石地面上。数小时后，再用硬刷刷去，然后用清水冲洗。大理石干燥后，再用抹布蘸锌白粉擦拭。

清洁黑色大理石，可用细面包屑擦，然后再用软布擦亮。

除大理石上锈迹法

大理石上的锈迹，可用5%的草酸溶液或柠檬汁除去，然后擦亮。

除大理石上汽油迹法

大理石上的汽油迹，可用高岭土粉和汽油混合成的糊状物除去，将此糊状物覆盖在污迹上，待其干燥后擦去，再用软布擦亮。

除大理石上果汁饮料迹法

如果大理石上沾有水果汁、咖啡迹、饮料及尼古丁等污点时，用加有少许醋的洗衣粉水就可将其擦掉，擦完后再用清水认真地冲洗干净。

除大理石上墨水迹法

如果大理石上沾有墨水等污点时，可在20份水、1份双氧水的溶液中加几滴氨水，用软布蘸此溶液擦拭，然后再用软布揩干磨光。

清洁墙壁瓷砖法

瓷砖墙壁上的污垢，只要用抹布蘸上少量的稀盐酸溶液进行擦洗，然后再用清水冲净，便能迅速恢复原来的光洁。

瓷砖壁面常有湿气，一般用抹布擦拭即可。如在壁面仍有残迹存在，可用牙膏一类细研磨料擦磨。

如因灼烧使表面产生斑痕时，可用细砂纸轻轻打磨，然后涂擦封底剂和上光剂就能恢复原状。日常清洁，可先用普通的墩布像擦水泥地面一样湿擦，再用干布将水擦干。

白瓷砖或澡盆上有了褐色的铁锈迹，可用适量的食盐和醋配成混合液擦洗即能除去。带有黄色斑点的瓷砖，必须使用漂白剂洗刷，能立即去污，十分有效。

清洁浴室瓷砖法

浴室的湿气较重，若不注意卫生，在瓷砖间的细缝中便容易孳生菌斑。最快速有效的解决方式，就是在上面喷一些浴室去霉剂，不必费力刷洗，就可以达到去霉、除垢和杀菌的效果。

浴室的瓷砖缝中有了污垢，可喷些浴室用的清洁剂，稍等一会儿，以刷子轻刷，同时以清水冲洗。如果还有残存的污迹，就改用洗衣用的漂白剂依上述要领做。

如果希望将浴室的瓷砖洗到洁白而发光的程度，可在肥皂水中加少许氨水。

盥洗室中的瓷砖极易变得黏滑，平常必须经常冲洗，用发泡的洗衣粉撒在瓷砖上，用刷子刷洗。

清洁厨房瓷砖法

厨房炉台周围的瓷砖极易沾上油污。要保持这些地方的清洁，平常就得勤洗。清洁时，可用厨房用的油污清洁液喷洒一遍，再用抹布擦掉。

厨房灶面上铺的白瓷砖沾上污垢，用抹布往往擦不掉，肥皂水也洗不净。可用一把鸡毛蘸温热水擦拭，一擦就干净，效果颇佳。

瓷砖上沾有油污时，可将卫生纸或纸巾覆盖在瓷砖上，然后喷洒清洁剂再放置一会儿，清洁剂不但不会滴得到处都是，而且油垢会全部浮上来。只要将卫生纸撕掉，再以干净的布蘸清水，多擦拭一两次就可以了。

瓷砖壁炉上的烟垢，可用半个柠檬皮蘸食盐擦除。此法也可用以擦除大理石上的黄迹。

如果因烟炱弄脏了壁炉砖，可用湿海绵蘸滑石粉擦拭。

除瓷砖上黄迹法

白色的瓷砖有了黄迹，可用布蘸精盐少许，在有黄迹的瓷砖上每天擦1～2次，连擦2～3天，再用湿抹布揩几次，几天后，瓷砖上的黄迹就可消失。

带有黄色斑点的瓷砖，必须使用漂白剂洗刷，能立即去污，十分有效。

厨房墙壁上瓷砖的油迹形成的黄斑，可喷些清洁剂，再贴上厨房纸巾，15分钟后进行擦拭或直接将少量地板清洁剂倒在丝瓜布上擦拭黄斑，然后用清水清洗。砖缝较难洗的地方，可用旧牙刷刷洗。

清洁瓷砖上污迹法

用肥皂加少许氨水与松节油的混合液清洗瓷砖，可使瓷砖更有光泽。

取石蜡与白醋各等量混合在一起置于瓶中，使用前摇晃一下，用此溶液擦抹瓷砖效果甚佳。

浅白瓷砖被污染时，用白水泥调成糊状，拿清洁球蘸了擦，再用清水冲洗，就会洁白如新。

将旧的腈纶毛线钩织成方形或圆形的百洁布，可以用来清洁玻璃杯和水壶上的茶垢，擦拭厨房或卫生间的瓷砖，效果很好。

地砖缝隙日子久了会逐渐藏污纳垢，用普通洗地板方法难以清除。用火碱溶入热开水，然后以毛刷蘸取刷拭，再过水便可。

瓷砖接缝处的污垢可用旧牙刷蘸着漂白粉刷除，刷后要立刻用水冲洗。注意不要将漂白粉和洗涤剂放在一起使用。

清洁天花板法

清扫天花板以及天花板附近的墙壁，可将干净的毛巾罩住长柄扫把的前端，像扫地似的扫去灰尘。

在扫帚顶端绑一块含化学药剂的抹布擦，若如此仍无法将污垢清除，则必须绑一块拧干的抹布，使用喷雾式清洁剂喷洒天花板后再擦拭干净。

天花板上有了霉斑，可用粗毛刷蘸取冲开的洗衣粉溶液均匀地涂抹到天花板霉斑上，待洗衣粉溶液干后，用干燥的粗毛刷在霉斑处刷几下即可。

清洁墙壁法

在墙壁还不太脏时，用面包卷成小卷擦，即能将墙壁上的污点擦掉，如此比用橡皮擦更为有效。

若已脏污得很严重，使用石膏或沉淀性钙粉沾在布上摩擦，或使用细砂纸轻擦亦能去除。

水泥墙壁被小孩涂得又脏又乱时，可先使用甘油脂的清洁剂擦拭，若无法擦除，再用较粗的砂纸摩擦刷洗，必可恢复墙壁原来的面目。

当墙壁被小孩用蜡笔涂得乱七八糟时，可用布遮住该处，再用热熨斗熨。因为蜡笔遇热就会熔化，最后再用布将污垢擦净。墙壁上的污迹及蜡笔迹等，均可用细砂纸擦去。

在湿布上挤一些牙膏，可擦掉墙上的铅笔或彩色蜡笔的笔迹。

石砌墙上出现了墙硝时，可涂几层用亚麻油和松节油按3∶1的比例调配的混合油。

长久挂在墙上的画框或相框一旦取下来，墙壁上会留下痕迹，用布蘸清洁剂擦，几乎都能擦除。若仍有明显的污痕，再用细砂纸轻擦即可完全除去。

墙壁上有了手印或其他污迹，可用切开的土豆擦拭，也可用涂有石蜡的布擦拭。

墙壁上的污点，可用海绵蘸稀释的中性清洁剂擦除。

将笤帚用废旧的软内衣包起来清洁墙壁，可以吸收部分灰尘，避免尘土飞扬。如用吸尘器配合，效果将会更好。

清洁墙壁时要先将墙壁擦干净，用旧尼龙袜擦墙比用布好。这样刷出来的墙，油漆不易起皮。

清洁厨房墙壁法

厨房里靠近炒菜铁锅的一面墙壁上，因油烟的长期积聚，某些地方会形成灰黑色污垢，影响卫生及美观。即使使用排油烟机，因墙壁粗糙，积污也难完全避免。此刻不妨将锡纸糊在纸板上，用图钉按在容易遭到污染的墙壁上就不必烦恼了，定期用湿抹布擦一下，就会光亮如初。

使用煤气灶做饭菜时间久了，墙壁上的一层污垢很难除掉，可将滚热的米汤泼在有油污的墙壁上，或用刷子厚厚地涂上一层，使米汤干透，墙壁上起皮时，将这层墙皮除掉，油污便随之落下，露出雪白的墙面。若一次刷不干净，可再重复。

砖墙上的污油迹，可用生猪油擦，使其变软，然后用溶剂洗涤，最后用热肥皂水洗净。

清洁刷漆墙壁法

要清洁将要刷漆的墙壁是较费事的，如先在室内放一盆烧开的水，将门关严，这样水蒸气把墙壁润湿了清洁起来就容易多了。

刷漆之前，先在漆罐中加几滴樟脑油调和，这样刷出来的墙壁就会散发出一股樟脑味，可以防止小昆虫接近未干的油漆，这种方法也适用于油画。

刷漆墙一旦洗干净并干燥后，用海绵蘸点稀淀粉往漆面上抹一次。这样，下一次清洁墙壁就不那么费劲了。

清洁胶合板墙壁法

胶合板墙壁上的污点，可用布蘸稀释的中性洗涤剂仔细而用力地擦拭，直至擦到起泡为止，然后再以水喷洗，让其自然干燥。

清洁塑料墙纸法

塑料材质的墙纸脏污时，可用半杯醋加一撮盐搅拌均匀后倒入喷雾器内，喷洒后再用抹布擦拭清理。

塑料壁纸上的污迹，可在壁面上喷洒一些清洁剂，以拧干的布擦。

塑料墙纸上的污迹，用橡皮可以擦掉或用湿毛巾蘸些皂粉在污迹上轻轻揩擦，去污后用湿毛巾把皂迹擦净。墙纸因日久积灰，可用鸡毛掸或干排笔轻拭。

清洁纸质墙纸法

纸质或布质壁纸上的污点不能用水洗，可用橡皮擦。

彩色墙纸上的新油迹，可用滑石粉将其去掉，在滑石粉上垫一张吸水纸，再熨一下。

墙纸上脏污了，可先用洗衣粉水擦拭，再用清水洗刷抹干。

揭除墙上旧壁纸法

墙壁上的旧墙纸极难揭除，如将旧布浸湿后对折，用左手将湿布紧贴墙纸粘贴处，右手持烧热的电熨斗在湿布上熨烫，墙纸受热而润湿，就容易剥离。

清洁窗框法

铝门窗的窗沟里若积有许多灰尘，可用油漆刷子将灰尘刷集一处，再用吸尘器吸，十分方便。

窗沟里的脏污不太严重时，以水擦拭即可。水擦不掉的污垢，以尼龙刷子蘸清洁剂即可刷干净。

窗棂上的灰尘除了用刷子刷掉之外，最好使用含有酒精的清洁剂擦拭，注意不要忽略了角落的灰尘。稍干之后，再以干布抹一遍。擦不掉的污垢，应在水中溶解少许氨，使用较粗的布蘸此溶液擦，然后再按同样的程序擦干净。

窗槛中的灰尘若不加以清扫将影响窗户的开关滑动。将卫生纸濡湿来吸取，是既方便又简单的方法。

用蜡纸擦窗框，不但角落不会积灰尘，而且蜡有防水作用，下雨时，木材部分不会弄湿，保窗框清洁耐用。清除铝合金窗框槽内的灰尘时，用旧毛笔蘸上水清扫就能清除干净。

白色或奶白色的浅色门窗沾污变旧了，可用含有少量氨水的温水洗刷，然后用软布擦干。

如果窗框是木头做的，必须要干擦并且上蜡。擦没有办法处理的污痕，以洗洁剂擦拭，并用清水洗除，最后一道手续仍旧是要将木框擦干，避免水气残留在木头里导致腐败。

清洁厨房玻璃窗法

厨房里的玻璃门及窗由于油烟污染，往往附着许多又脏又黑的污垢，很难擦洗。一旦发现有油污，应马上用柠檬、萝卜或洋葱等切片擦拭。如果用棉纱蘸些温热的食醋或酒精很容易擦干净。

被油迹污染的厨房门窗玻璃可用保鲜膜加上洗涤剂来清洗。可先在玻璃上喷洒专用洗涤剂或其他的油污清洗剂，并立即贴上保鲜膜，窗子的角落、油污和灰尘积聚处也做同样处理。过 10～15 分钟，在保鲜膜下面，洗涤剂使污物软化并上浮。这时可把保鲜膜揭下，再用干抹布擦拭玻璃，就可以将玻璃擦得很明亮了。

玻璃窗脏了，不妨先将玻璃内外的尘埃用鸡毛掸掸除，再喷上一些玻璃清洁剂，以抹布、干报纸或厨房纸巾从外面的玻璃先擦起，再擦拭内部的玻璃，就可以擦得非常干净了。

厨房中的玻璃容易被油烟熏污。清洁时，可用洗衣粉化水，再加几个烟蒂，用抹布蘸此溶液擦洗，效果极佳。厨房的玻璃器皿容易被油烟熏得乌黑，不易洗净，可用旧布蘸些温热的食醋擦拭，或先涂上一层石灰浆水，干后再用干布擦净就会光亮如新。

除铝门窗表面黑白斑点法

铝门窗表面因氧化而生锈时就会出现黑白斑点，这时可用小刀将铝锈轻轻刮去，用肥皂水洗干净，再用布抹干，打上蜡油之后再用干布擦亮则能光亮如新。若不严重，可用软性车蜡打磨，如无法去除则先用砂纸磨去锈斑再上软性车蜡打磨。

滑动不良的铝门窗，一般都使用油或蜡润滑轨道，但这些油或蜡时间久后容易使窗户污染，要避免污黑的形成，可以将蛋壳捣碎并加入少许水放入布袋中，在涂过油或蜡之后，再以此涂擦一遍即能常保干净。

清洁百叶窗法

百叶窗的清扫，可先用吸尘器将灰尘吸掉，再用较粗的布蘸中性清洁剂，一叶叶地仔细擦。百叶窗十分锐利，擦洗时应戴上手套，以免割伤手。最后用干布擦干净。

每周一次，拉下百叶窗后用鸡毛掸拍打或用吸尘器吸掉灰尘。大扫除的时候，最好将百叶窗拆下来，放在浴缸里用海绵和清洁剂洗净后再用莲蓬头冲洗干净。

清洁纱门及纱窗法

纱门及纱窗上的灰尘，可用小扫帚或刷子轻轻地刷去。

取两块海绵，一边一个，一起擦拭纱窗，灰尘就可擦去。擦拭时，要由左向右，由上而下，这样污垢不会跑到另一边去。

布满灰尘的纱窗，先用吸尘器把两面皆仔细地吸一遍，然后喷上清洁剂，以柔软的海绵轻轻拍打，将脏水吸掉。拍打时用力要均匀，否则纱窗将会松弛或凹陷。

将塑料窗纱放入不超过 25 ℃的温水中，加入适量的中性洗衣粉，使窗纱浸没在水中 10～20 分钟，然后用软毛刷依次轻轻刷洗，最后再用清水冲洗 2 遍将水甩干。

先用扫帚扫除表面的灰尘，再用 15 毫升左右的洗涤剂加 500 毫升清水，搅匀后用毛刷蘸着在纱窗上刷洗，用抹布在正反两面都揩一遍，用清水冲洗，纱窗即透亮如新。

将塑料纱窗放在加有适量洗涤剂的温水中用刷子依次刷洗，最后用清水冲洗 2 遍。然后在纱窗上喷些醋，再将纱窗装上去。

用水将报纸浸湿，再将其贴在纱窗的内外，然后由屋里到屋外顺次擦拭贴了报纸的纱窗，再把报纸撕了即可将纱窗清理得一干二净，而且污物还不会飞扬。

将洗干净的纱窗再喷上少许白酒。每次这样进行，对纱窗保洁有很大的好处。

将吸剩下的香烟头与洗衣粉一起放在水盆里，待溶解后擦洗纱窗，效果很好。原因是香烟头中含有一定数量的尼古丁，对纱窗上粘的一些微生物能起清除作用。

窗纱用久后积了大量灰尘，影响通风。用一支干的旧牙刷在窗纱上转着圈刷，可使窗纱干净且通风。

清洁厨房中纱窗法

厨房里的纱窗，积上油垢很不容易清除，如用碱粉、去污粉和肥皂三者混合洗刷，很容易去污。洗净后，在纱窗上喷少许白酒或醋，再装好，这样，以后纱窗上的尘污就极易除去。

厨房中的纱窗易沾大量油污，刷洗时可用100克面粉，加热水打成稀面糊，趁热刷在纱窗的两面，10分钟后，用刷子反复刷几遍，最后用水冲洗，纱窗的油腻即可刷洗干净。

清除厨房纱窗上的油腻，可把纱窗放在热的苏打水溶液里(或用热苏打水溶液敷湿)，再用不易起毛的布反复擦洗，然后用干净的热水把纱窗冲洗一遍，纱窗就干净如初了。

清洁丝绒窗帘法

丝绒窗帘可先用清水洗去浮尘，将水挤净，放入温洗衣粉溶液中轻轻揉洗，也可放入洗衣机用弱洗挡洗，时间不可超过3分钟。然后用清水漂净，反面朝外，搭在阴凉处。晾干后，平铺在板上，上铺一块浸湿拧干的布，用熨斗轻轻熨烫，熨完后立即将湿布拿掉，趁热用软毛刷将绒毛刷起刷顺，使绒面复原。

清洁浅色窗帘法

白色窗帘可用具有增白效果的洗衣粉，也可用次氯酸钠溶液漂白，将窗帘放入水温在30 ℃左右和浓度在22%左右的次氯酸钠溶液中浸泡10分钟左右，浸泡过程中要一面浸泡一面不停地翻动，才能保证窗帘全部都漂白，不会出现花斑现象，漂白之后漂洗干净即可。把窗帘在晾至半干时悬挂起来，悬挂好之后用双手拽拉一下，将窗帘整理平整，可使窗帘恢复原样。如果用洗衣机洗涤，甩干后可直接悬挂在窗帘杆上,窗帘很快可晾干。

清洁花边窗帘法

带花边窗帘可用弱碱性洗衣粉,洗之前应把挂环拆下来,用布或塑料布把环包起来,以免伤害窗帘本身。人造丝等缩水率大的窗帘,应预先做长一些留出缩水量。第一次洗涤时,把预先留长的部分拆开。窗帘如果有较多刺绣或是钩织品,应把窗帘放在网袋内再用洗衣机洗,并应减缓洗衣机水流,漂洗终了可用浴巾或旧被单把窗帘包起挤压干。

清洁薄纱窗帘法

如果阳光把窗帘的一部分晒黄了,可将其取下放在茶水里泡一夜,就可使整块窗帘的颜色一致了。

在洗纱窗帘时,可在洗衣粉溶液中加入少许喝剩下的牛奶,洗后的纱窗帘看上去就像新的一样。

先去除浮灰,然后放入加有洗涤剂的温水中缓慢揉动,洗完后用清水漂几遍,最后将纱窗帘浸入加有500克小苏打的水中漂洗,可使窗帘保持洁白。

擦玻璃法

窗上玻璃沾有陈迹和油污时,在湿布上滴少许煤油轻轻擦拭,玻璃很快就会擦得光洁明亮。

窗户玻璃上被小孩涂上铅笔和油漆等痕迹,可用干布蘸松节油擦拭。

涂有油漆的门窗或家具,或者玻璃窗门染有尘埃时,用隔夜冷茶擦洗可显得特别明亮光洁。

把石膏粉或粉笔灰蘸水涂在玻璃上,干后用软布擦掉,玻璃既干净又明亮。

透明的玻璃,用报纸擦拭十分光亮。在报纸上喷洒水汽擦,很容易使污点去除,最后再以干报纸擦一次即可。

玻璃日久发黑,可用纱布涂点牙膏擦拭,便会光亮如新。纹路凹凸不平的雕花玻璃,可用牙刷蘸牙膏刷洗,就能使玻璃光亮如新。

把牙粉化在水里,用此溶液擦拭玻璃两面,干后用布擦拭,最后再用皱报纸擦。

擦玻璃时,在水中加少量氨水,用抹布浸湿擦拭,玻璃即可恢复光亮明洁,玻璃器皿也可用氨水擦洗干净。

用破丝袜蘸少许水擦拭玻璃可以擦得很干净，擦净后，在玻璃上涂点蜡，以后脏了，只需用干布即可擦净。

用洁净的软布，蘸着等量的变性酒精和乙醚的混合液用力擦玻璃面，再撒少许铁红粉于一块软皮上即可把玻璃擦亮。玻璃制品小摆设，可经常用 90%的酒精清洗。

用新鲜碎蛋壳泡的水，是一种蛋清与水的混合溶液，用这种溶液擦玻璃，可以把玻璃擦得干净光亮。

桌面上的玻璃用久了，边缘会出现污垢，可用绒布蘸少许食醋将其拭净。

玻璃上出现划痕时，可用法兰绒布蘸上油和口红擦拭。

用蘸有洗发香波的棉团擦玻璃，可防止玻璃蒙上水雾。

有花纹的毛玻璃，必须先用旧牙刷洗，再以清水冲干净，最后以干布擦拭。

将洋葱剥开切成两半，拿切口摩擦玻璃面，趁洋葱的液汁还未干时迅速用干布擦拭，玻璃就会光洁明亮。

用浓度较高的苏打水擦洗玻璃，省时省力又方便。

用喝剩的啤酒擦拭玻璃，可将玻璃擦得干干净净。

除玻璃上油漆迹法　玻璃上沾了油漆迹，可用热醋擦拭，或用冷茶水擦洗，也可用松节油、指甲油去除剂擦拭，还可先涂一遍酒精，再用刀片将其刮掉。

除玻璃上石灰迹法　玻璃上沾了石灰迹，用湿布蘸细沙子擦，便可轻而易举地使板结了的石灰斑点立刻脱落。

除玻璃上涂料迹法　玻璃上的涂料迹，可先用小刀刮下，再用石油精擦拭。毛玻璃则在将涂料刮下后，以松节油擦拭。

除玻璃上蜡笔迹法　玻璃上的蜡笔迹，可用软布蘸洗衣粉擦拭，也可用布抹点油性面霜擦。毛玻璃可以用松节油擦。

除玻璃上铅笔迹法

玻璃上的铅笔迹，可用拧干的抹布蘸清洁剂擦，也可用布蘸松节油擦，还可用橡皮擦掉，或用橡皮浸水后擦，然后用干布蘸少许洗衣粉擦掉。

除玻璃上油灰迹法

玻璃上的油灰，可先用湿布擦一遍，然后用干净的湿布蘸一点酒，稍用力在玻璃上擦拭，就能使玻璃光洁如新。拆换玻璃时，原来镶玻璃用的油灰已经硬化，清除很困难。可用生石灰、碳酸钾、水与肥皂共同调成浆状，涂在硬化的油灰上，几小时后油灰就会变软，除起来就容易多了。

除玻璃上墨水迹法

玻璃上的墨水迹，可用干布蘸石油精擦，毛玻璃一定要用松节油擦。

除玻璃上胶带迹法

玻璃上的胶带迹，先用小刀刮下胶带，透明玻璃用石油精擦，毛玻璃则用松节油擦。

清洁挡风玻璃法

如果玻璃窗或挡风玻璃上霜较厚，可在盐水中加少许明矾，用它来擦拭玻璃，除霜效果很好。

如果用吸剩下的香烟头里的烟丝擦玻璃窗或挡风玻璃，不仅除污效果极好，而且还会使玻璃明亮。

水蒸气会使玻璃窗和挡风玻璃等蒙上一层雾，为防止出现这种现象，可用蘸有洗发香波的棉花团或海绵擦拭。洗发时，将第二次搓揉出来的泡沫用来擦拭玻璃，会使玻璃显得格外明亮干净。

挡风玻璃上有油腻时会影响视线，用半个洋葱就可将其擦净。

清洁镜子法

小镜子或衣橱镜有了污垢，可以用软布蘸煤油或蜡揩拭，切不可用水，否则，不但镜面会模糊不清，且易腐蚀玻璃。

用软布蘸洗衣粉或白兰地酒少许擦拭。

衣橱镜上有了污迹，可用绒布抹点牙膏擦拭镜面，污迹就能擦净。

镜子上的污垢时间一长很难擦掉，如用点中性洗衣粉洗擦，一定会有极好的效果。

用少许氨水加水，然后和牙粉调成粥状物，用布蘸上涂擦，再用软纸擦干。

贴在镜子上的标签，可用指甲除光液剥除。

用一玻璃杯，加1汤匙的酒和醋，与20克细白垩粉混合加热，静置澄清后再倒出澄清液。用这种澄清液涂在镜子的表面，然后用柔软的布擦拭。

镜子上的污垢，可用刚削下带有新鲜水分的土豆皮擦拭镜子表面，再用加有酒精的水擦洗，可把镜子擦得很亮，也可用茶叶渣擦拭干净。

门窗玻璃或梳妆台镜玻璃上的指纹印等，可用温水加少许食盐擦拭。

用1匙醋、20克生石灰粉末，加一杯温水调和后使其沉淀，然后倒出上层溶液，用抹布蘸此液擦拭镜子，能使其光洁明亮。

擦拭浴室内镜子法

浴室里的镜子，遇到湿气就会模糊，若将剃须膏涂在镜子上，再用抹布擦干净，即使再水雾弥漫也不会模糊了。

为防止镜子再被蒸汽熏得模糊不清，可将甘油或肥皂涂抹镜面，再用干布擦拭，镜面上即形成一层保护膜，可防止镜面模糊。

为防止浴室镜子上面产生蚀斑，可将镜子的四周缝隙用塑料胶带粘死，或者用油灰封死。这样湿气就无法侵蚀镜子，镜子的使用寿命就会大大延长。

除镜子上虫污迹法

镜面上如有苍蝇叮过的污迹，用生洋葱头切片擦拭，很快就可除去，而且用洋葱头擦过的地方苍蝇便不会再叮了。

除镜子上水纹斑法

衣橱玻璃镜面受潮后，表面会出现一层水纹或白色雾状的水斑，这是玻璃的一种碱化反应，可用食醋轻轻擦拭，使食醋中的醋酸成分与玻璃表面的游离碱起中和反应，就能恢复镜面的光洁。但衣橱镜上的污垢不可用水擦，应先用抹布蘸些煤油或醋擦拭，再用软布轻擦即可除垢。衣橱镜上有了污迹，可用绒布抹点牙膏擦拭镜面，污迹就能被擦净。

除浴缸中黄迹法

浴缸上的黄迹可用去污粉擦拭。小面积的黄迹也可用柠檬去除，先将柠檬切成片盖在黄迹上，过几个小时黄迹就会消失。

清洁塑料浴缸法

塑料浴缸常有一种黏滑的污垢，可用海绵蘸清洁剂擦洗。若仍不能完全除净，还可加漂白粉继续擦，然后再用海绵擦洗干净。

清洁瓷质浴缸法

瓷质浴缸可以使用海绵或毛巾蘸取洗洁剂或洗衣粉溶液抹拭，将油垢抹掉后再用水冲洗。

清洁珐琅质浴缸法

珐琅质浴缸若出现刮痕，刮痕处容易发霉，用砂纸轻轻擦掉污垢后，擦干水分再涂上透明指甲油即可。

清洁木质浴缸法

木质浴缸的清洗，通常用鬃刷轻轻刷洗即可，脏污较重时，可用刷子蘸上浴室专用酸性清洁剂用力刷，再用清水冲洗，也可利用莲蓬头冲洗。

清洁一般浴缸法

用久的浴缸有了陈迹污垢，可在浴缸上铺些旧报纸，吸收水分并轻轻擦拭2～3遍，浴缸就会变得很干净。

将有污垢的浴缸用醋擦拭一遍，再用碳酸氢钠擦一遍，最后用清水冲洗，所有污垢和斑点都会被清除干净。

牛奶变质不能食用时可用来擦拭浴缸，省时省力，除垢效果又好。

用煤油清除浴缸的污垢相当有效。

用丝瓜络擦洗浴缸，除污力强且柔软，不会损坏器具。

浴缸及洗手盆一般用玻璃胶连接墙壁边缘，但冲凉时的肥皂液加上体垢，往往会溅在这个位置，日久令胶边呈现发霉发黑现象。这些积于胶边上的霉菌十分顽固难洗，在晚上无人使用浴缸时，可用布条铺在玻璃胶上，注入高浓度漂白水至浸湿，让它与霉迹敷贴一夜，翌晨揭开布条，以稀释的洗洁精冲刷抹干霉迹即去除。如果第一次未能将污迹完全去除，可重复一次。

清洗坐便器法

使用最细的砂纸摩擦坐便器，可以洗净清洁剂所不能洗掉的污垢，是一种很实惠的清洁方法。

醋具有除垢作用。擦洗瓷坐便器时，如倒入1杯食醋，5分钟后再用清水刷洗，瓷坐便器就会清洁白亮。

先用漂白粉溶液擦拭坐便器，过一会儿再用水冲洗干净即可。

将两大把小苏打撒进坐便器里，用热开水冲泡半小时，积垢就可以刷掉了。

将少许草酸滴入坐便器内，随即迅速刷洗，积垢很快就会被刷掉。

取硫酸4份，加入89份水中，再依次加入福尔马林5份和碳酸2份，混匀后，用毛刷蘸着刷洗坐便器。

坐便器上积有尿垢，可在便器内放2片烧碱，加少量水后盖住，几小时后倒掉，尿垢就能去除。

瓷制坐便器用久积成的厚污，用稀盐酸洗刷可立即去除。但注意切勿触及皮肤。

坐便器边缘所形成的黄色污垢，可将废旧的尼龙袜绑在棍子一端，蘸发泡性清洁剂刷洗，一个月清洗一次，即可保持其洁白。

对于不是太脏的坐便器，可将卫生纸一张一张地铺在其内壁上，然后喷上洗洁剂或喝剩的可乐，静置1小时后再用水冲掉，最后再用刷子轻轻刷洗。此法不但不用费力刷洗，而且清洁效果很好。

清洁卫生间法

彻底清洁卫生间时，可用漂白水擦拭，擦拭后停一段时间，再用水冲洗干净。

卫生间如果通风不好，极容易出现霉斑，可先用抹布在霉斑处擦几下，然后一边开窗通风换气，一边用酒精和水为4∶1的溶液喷洒在霉斑处，每天喷2～3次，几天后霉斑即可消除。

清洁家居法

将保鲜膜卷轴（或卫生纸、厨房纸巾卷轴）任意斜裁或压扁，套在吸尘器管口上，既可以用来清理不易打扫的角落，也可以在打扫浴室厕所时避免吸尘器管口脏污，用毕只要将套上的卷轴丢掉。

厨房地面上的油污较多，可以在拖布上倒一些醋，再拖地，地面就可擦得很干净。

地面上留有水泥痕迹，可把烧开的醋精倒在上面，再用刷子使劲刷，就可将痕迹去掉。

铺设塑料地板块时，地板表面被胶污染，铺完后用工业酒精轻擦即可除尽。

厨房里的油垢又硬又粘，可用电吹风对着吹，油污软化后，一擦就干净。

厨房里门窗上的玻璃由于油烟污染，往往附着许多又脏、又黑的污垢，很难擦洗干净。如果用一块软纱布蘸些酒精，就很容易将其擦干净。

扫水泥地面时，若担心灰尘飞扬，可以把旧报纸撕成碎片，弄湿后撒在地上。由于湿报纸可粘附灰尘，因此可轻松地打扫干净。

在厨房油污比较多的地方先喷上厨房清洁剂，然后在上面铺上餐巾纸，这样清洁剂能保持湿润，比较充分地与污垢结合，而不会很快地蒸发。约过 15 分钟，大部分油污会附着在湿纸巾上，再拿起湿纸巾顺手把油污处擦拭干净。

除床垫上黄迹法

床垫泛黄时，可用棉球蘸双氧水轻轻拍打，黄迹就能减弱。用稀释的漂白粉液刷洗，也能收到同样效果。

除床垫上发蜡迹法

除床垫上的发蜡迹，可在发蜡迹上撒一层去污粉，然后用刷子或牙刷刷除，当发蜡迹去除后，用吸尘器吸去去污粉。

除床垫上墨水迹法

墨水洒在床垫上时，可先用卫生纸或干布吸干，然后用湿布顺着经纬擦拭，最后在墨迹上倒点儿牛奶，再用干布擦拭。

床垫上的墨水迹可先用牙刷蘸温水刷洗，然后再用牙刷蘸强力洗洁剂或浓洗衣粉溶液刷洗，最后再蘸清水刷一遍。

清除床上浮尘法

将微湿的茶叶渣均匀地撒在床垫上，再用扫帚扫，床垫上细小的尘埃会被粘起来，而且能使床垫表面保持光泽。

床上常落有浮灰，若用刷子刷会使浮灰四处飞扬，这样不仅污染室内空气，而且对人体健康不利。可将旧腈纶衣物洗净晾干，待需要除尘时拿它在床上依次向一个方向迅速抹擦，由于产生强烈静电，会将浮尘吸附其上，如同干洗一次，效果极佳，省时省力。用过几次后，将它洗净晾干后再用，经济实惠。

将海绵用水浸湿拧干，然后扫床。海绵脏后，用水洗净，拧干再扫，这样床上的灰尘便可扫除。

烟灰或爽身粉撒在床上，可在灰尘上撒少许精盐，然后用笤帚扫，灰便会粘在精盐上，随着精盐被扫除了。

床垫上的灰粒，可用吃完的泡泡糖胶粘起。

使室内空气新鲜法

做到经常开窗通风，使室内空气保持清新，人体感到舒适。清晨，打开窗户，一股清风扑面而来，沁人心脾，使人精神清爽。即使在寒冷的冬季，也应坚持每天早晨开窗 15 分钟左右，这是因为经过一夜的呼吸，室内氧气消耗多，二氧化碳含量上升，空气变污浊，一旦开窗换入新鲜空气，自然会使人畅快无比。改善室内微小气候和排出空气污染物：一间 18 平方米左右的居室，如室内温度为 20 ℃时，开窗 10 分钟左右就可以把室内的空气交换一遍；地处污染严重的交通繁华地区和工业污染源附近的住户，通风换气时，要尽可能避开污染高峰，否则更增加室内的污染，可打开空调（设置为“高风”速）和排气扇进行通风换气。

仙人掌白天关闭气孔，不让水分蒸发，夜晚则打开气孔，吸收二氧化碳，呼出氧气，如在卧室内放几盆仙人掌，可使负氧离子增加，净化空气，有利于睡眠与健康。

夏季开风扇前，如在扇叶片或网罩上喷洒少许香水，开电扇后，室内就会香气四溢。

在空调机出风口处的叶片上喷点香水，室内顿觉新鲜清凉，令人感觉特别舒畅。

使室内飘香法

室内放一盛上开水的器皿，然后把一小勺松节油缓缓地倒入开水中，室内就会充满松树的清香味。

灯泡上滴几滴香水或花露水，开灯后便会自动散发出香味，室内将清香扑鼻。

将各种花瓣晒干后混合置在一匣中，放在起居室或餐厅，就能使满室飘香。或将其置于袋中，放在衣柜里，能把柜内的衣物熏上一股淡淡的幽香。

如果喜爱更生活化的香气，就把荷兰芹或薄荷放在篮子里，置于适当的地方，就能获得置身乡野般的情趣。

放衣物的木箱里放些橘皮、咖喱粉、桂皮或丁香之类的香料包，可以得到新奇味觉的享受。

将吸墨纸在香水里浸泡后，拿出置于抽屉、柜子或床褥等角落，香味可保留较长时间。

将具有香气的薰衣草或树叶等花草包裹在丝袜里，放进衣橱、床边等处，不仅香气宜人且存放持久。

水果收获的时节，可将洗净的菠萝等具有香味的水果放置于竹篮中，可令屋中充满果香。

利用香精油、香熏炉和小蜡烛点缀在居室内，不仅俏皮可爱，还可令居室生香。

市场上有许多千姿百态的香味蜡烛，有果香或花香等多种，在家中不仅可增香味，也可作为点缀居室的可爱的小饰物，但在用餐时不宜点燃这类香味蜡烛。

咖啡渣可以吸取臭味，散发清香。将咖啡渣放在烟灰缸中捺灭烟蒂用，不仅不会残留香烟的臭味，反而会弥漫出一股咖啡的清香。将咖啡渣晒干后装入罐中，需要时可随时取用，十分方便。咖啡渣即使不晒干也有香味，但晒干后香味更浓郁。

找一小块瓷片，将薄荷油滴上少许，置于灯下烘烤数分钟后就会散发出沁人心肺的薄荷香。

用丝绸布制作一个小袋，里面放一些香粉，缝好后放在沙发或椅子垫内，每当坐下时，就会感受到一种自然的芬芳。

在居室中放置数个即将成熟的柠檬或几块橘皮，即会满室生香，调节空气，令人清心悦腑，提神醒脑。

将清水与花露水按 40∶1 的比例配好，装入喷水壶中均匀地喷洒居室地面，然后关闭门窗 10 分钟，再开窗通风，可使居室洁净清新。

在客人抵达之前，在锅里以低温烤一小片柠檬皮，不仅可除去室内异味，而且还可使室内香味扑鼻。

在室内点燃晒干的橘皮，可代替卫生香，能清除室内异味。

茶叶里含有茶多酚、茶叶碱等多种成分，有吸附异味的作用，是天然的空气清新剂。红茶吸异味的作用更强，在一盆热水里加入一些泡过的红茶渣，放在客厅(或是有异味的房间)中间位置，并且开窗通风，就能消除刺激性气味。

除室内烟雾及烟味法

在室内不同的位置放几条湿毛巾。也可用毛巾蘸上稀释后的醋溶液在室内挥舞数下,即刻生效。若用喷雾器喷洒稀醋,效果更佳。

居室内吸烟污染环境,可点燃 2 支蜡烛,既能去除烟雾,又能即刻消除烟味。

室内吸烟人多,烟雾缭绕,令人难受,如在一个杯子里放上泡满水的海绵,即可减少烟雾。

为了防止整个房间弥漫一股油烟味,可在油锅中放一点香菜,效果很好。

除室内煤油味法

煤油倾倒在地板上时,先用旧报纸拭干,再铺上一层旧报纸,然后把热灰散在其上,1～2 天后煤油味即消失。如果在室内点燃一支蜡烛,片刻便可除去煤油味。

如果是因烧煤油炉所产生的煤油味,在煤油炉旁放一碗清水就可以吸去其味;也可在煤油中加几滴醋。

器物上沾染了煤油,气味难闻,用米酒擦拭,煤油气味即可除去。

为了消除室内讨厌的煤油炉烟味,在室内较高处放一小盘氨水,烟味即可减少。使用煤油炉,有时会弄得满屋油烟。如果先在煤油里加点细盐,燃烧时既节省煤油,又减少油烟。

除室内霉味法

抽屉、柜橱或衣箱等若长时间不开会产生一股霉味。若在里面放一块香皂,霉味很快就会消失。

厨房长霉时,在水中放一大茶匙苏打搅拌均匀,以布蘸此溶液,仔细擦拭即可。

浴室发霉或长苔,可先用洗洁剂清洗,再用漂白剂擦拭。也可用杀菌剂擦拭,以防止生苔。

黄梅季节多雨潮湿,地毯容易脏污且有霉味,先用吸尘器吸去灰尘,再喷些玉米粉,霉味即可驱除。

将晒干的茶叶渣装入纱布袋,分放各处,不仅能去除霉味,还能散发出一丝清香。

除室内油漆味法

刷过油漆的家具，往往有一股刺鼻的油漆味。可在房间内放一碗醋，2～3 天后油漆味就会消失，也可用淘米水加些醋后擦拭。还可在地面上放置两盆冷盐水，并加几片洋葱片，1～2 天后油漆味便可消除。

在一桶热水中放一把干草，留置一夜，具有吸除油漆味的作用。

在新房里放一小碗米醋(约 100 毫升)，两三天后油漆味就会消失。

把煮开的牛奶放在一个盘子里，然后把盘子放在家具中，关上家具的门，四五个小时后油漆味就会消失。

用淘米水擦拭新油漆的家具，连擦四五次，就可把油漆味去除。

可在室内放几个新鲜的菠萝，由于菠萝是粗纤维类水果，既能吸收油漆味又可达到散发菠萝的清香味道，加快清除异味的速度，起到了两全其美的效果。

除室内灰水味法

墙壁粉刷后，灰水味多日不散，可将 1 个洋葱头切成碎片，浸在水桶中，把桶放于屋子中央，在很短的时间内，室内的灰水气味便会消除。

除室内甲醛味法

准备 400 克煤灰，用脸盆分装后放入需除甲醛的室内，一周内可使甲醛含量下降到安全范围内。此法同样适用于装修完没有异味的家庭，因为有些有害物是无色无味的，多一份清洁，就多一份安全。

除室内碳酸氢铵味法

室内若通风透光条件不好，会产生一种类似碳酸氢氨的臭味。可在灯泡上滴些香水，灯泡发热后，香水味就能慢慢散发，室内的臭味即可消除。

除室内花肥臭味法

养在室内的花卉盆景，需用发酵的液肥，但时间长了臭味难闻。可将鲜橘皮切碎掺入液肥中浇灌，臭味即可减轻或消除。橘皮不仅能产生芬芳的气味，而且它本身也是一种良好的花肥。

除厨房里异味法

煎鱼时常常弄得满屋子鱼腥味，如果在煎鱼时往锅里放点醋则会好得多。鱼腥味充满室内时，可取干茶叶渣放在烟灰缸里燃烧。

炒洋葱或大葱后产生的浓烈刺激气味长久不散，可将一杯白醋放在炒锅中煮沸，过一段时间，刺激气味就自然消失了。

煤火中放几片风干的橘子皮，可解煤气味。

吃剩下的柠檬或橙子皮及其他香味浓郁的果皮，放在一个小盒中，置于厨房内，或在锅里放些食醋加热蒸发，异味就可清除。

除尿布尿具臊气味法

取一盆水滴上新洁尔灭2～3滴，待尿布洗净后投入浸泡数分钟，干后即无尿臊气味了。入睡前在尿具中点燃几张废纸，尿具中的氨臭味即可去除。

除垃圾桶里臭味法

除去金属制的空垃圾桶的臭味，可将一张报纸放进去点燃，能驱除所有的臭味。

厨房的垃圾如果直接丢进垃圾桶，会渗水发臭。可在上面放一层茶叶渣，就不会散发臭味。

除下水道臭味法

找一个细长的塑料袋，上口套在下水道的铁栅栏上，用橡皮带（或电工胶布）箍紧；下底用剪刀剪几个小口，然后把它放进下水管道里，这样便能保证厨房或盥洗间的空气清爽了。

除卫生间异味法

在卫生间内划燃一根火柴，即可除去那种令人讨厌的气味。

楼房中的厕所通风不佳，常有臭味。可将一盒清凉油打开，放在厕所的一角，臭味就能消除。过一段时间，将清凉油表面刮去一层，这样，一盒清凉油可使用2～3个月。

卫生间中的臭味利用化学除臭剂消除确实很有效果，如果在卫生间点上蚊香，也是一个好方法，而且又具有驱蚊虫之效，一周两次足够了。

清洁卫生间时，有着令人难闻的臭味发散出来，可把晒干的橘子皮放在火炉里烧，或在燃烧中的木炭上洒几滴酱油，臭味可立即消失。

消除卫生间的异味，不妨在卫生间里放一杯食醋，一段时间之后，卫生间的臭味便能消失。

卫生间有异味，可将10毫升洁瓷精倒入大便池下水管内，用硬毛刷洗刷管壁，5分钟后用清水冲洗就能清除。

在厕所内的架子上并排放置几块香皂，可收干燥去臭之效。

便池里放一个直径约14厘米的儿童玩过不用的皮球，即可阻止臭气上升外溢且不影响便物下排，效果很好。

经常在卫生间里撒少许过磷酸钙，臭味就会除去，此方法也适用于去除鸡笼中的臭味。

将晒干的残茶叶在厕所里燃烧熏烟，可除去厕所的臭味。

将厕所的门窗关严，在中央放一盆清水，在清水中加一些普通的农用氨水，熏上10分钟后再打开门窗，倒去氨水，厕所的臭味即可去除。

家庭用的便桶(马桶)或搪瓷痰盂等使用久了会积垢发臭，如用盐水洗刷即可除臭。

将抽剩的烟蒂剥出烟丝放于厕所内具有除臭作用，因为烟丝的尼古丁能够杀菌。

除居室宠物异味法

将烘热后的小苏打水洒在饲养猫或狗的地方，可以除去室内因饲养宠物而带来的特有异味。

除容器中异味法

盛过牛奶的容器有霉味时，可先向容器中撒些食盐，然后加热水搅几分钟后倒出，霉味即能除去。

容器中若有煤油味，可倒入少量生石灰，加水搅拌，直到把水加满为止，过几个小时后刷洗干净。

容器中有了焦臭味，可用咖啡渣擦除，然后再用清水冲洗。

家里的塑料容器内有异味，可以用1茶匙的苏打溶于1 000毫升的清水中，把塑料容器浸入，然后再用软擦轻拭一遍，异味即除。

除漂白剂味法

用完漂白剂后，双手常会有一种滑溜的不舒服感。此时，只要用醋洗手，即可去除，还能消除漂白剂的异味。

除厨房里异味法

煎鱼时，常常弄得满屋子鱼腥味。如果在煎鱼时，往锅里放点醋，则会好得多。

炒洋葱或大葱后，产生的浓烈刺激气味长久不散，可将一杯白醋放在炒锅中煮沸，过一段时间，洋葱或大葱的刺激气味就自然消失了。

厨房的垃圾如果直接丢进垃圾桶，会渗水发臭。可在上面放一层茶叶渣，就不会散发臭味。

除橱柜中异味法

碗橱和箱子里有异味，可用布蘸少许醋擦后晾干，能除去异味。

除器物上腥味法

炒菜锅上有腥味，可先用残茶叶擦洗，再用清水冲净。将喝茶剩的残茶叶，放在有腥味的器皿内煎10分钟左右，即可去掉腥味。

器皿中有鱼腥味时，可用剩茶水擦洗再用清水冲净。

除衣服上樟脑味法

放在衣橱的衣服，要穿时立刻拿出来烫，很容易在衣服上留下一股樟脑味。在用熨斗烫之前，先用电风扇吹5～6分钟，就不会闻到樟脑的味道了。

除家中煤气味法

用石灰水代替普通水来拌煤，或用石灰代替部分黄泥浆做煤球、蜂窝煤，或在烧煤时在煤上撒一些石灰，均可达到消除煤气味的效果。

除室内鞋臭味法

进门换鞋的习惯很好，可是换下来的鞋会散发难闻的鞋臭味，如果在鞋架上放置一瓶香水或万金油，或者用纱布包些干橘皮，这样既可除去鞋臭味，也可给人一种舒适的感觉。

减少室内噪声法

居室内宜用木质家具，因木质纤维具有多孔的特性，能吸收噪声。在桌子以及椅子的脚底钉上一层橡皮片（用废旧的自行车内胎皮），能减少移动或使用时产生的噪声，又可延长其使用寿命。

除水龙头噪声法

自来水管喘振，常常发出噪声。可拧下水龙头整体的上半部，取出旋塞压板，将橡胶垫取下，按压板直径用自行车内胎剪一个比其略大出 1.5 毫米的阻振片，将其装在压板与橡胶垫之间，再将水龙头装好即可消除自来水管喘振。

减弱闹钟噪声法

放在房间里的闹钟日夜“滴滴答答”的响个不停，如果觉得烦人，可将闹钟放在一块薄薄的海绵上，闹钟的噪声就会大大地减弱。

除缝纫机噪声法

如果是梭床部分的噪音，只要纠正摆梭托的变形，噪音就可消失。如果是送布牙和针板部分的噪音，就要经常做好机器的保洁工作，并调节好送布牙和压脚压力的高低、大小。如果是机架部分的噪音，只要用螺丝刀把接头螺钉略加拧紧即可。

除冰箱噪声法

首先要将冰箱放平稳；其次是要相应地紧固螺丝；再次是要检查冷凝器，如果冷却管与散热片处有松动现象的话，可在该处滴几滴“502”胶水，5～10 分钟后即可粘牢。

除洗衣机噪声法

如果脱水桶有啸叫声，可先切断电源，打开脱水桶的盖板，用左手把脱水桶从正中拉向缸体左侧，使脱水桶倾斜，在脱水桶右侧与缸壁间形成一个较大的缝隙。用右手指抹一些黄油，沿脱水桶右侧与缸壁间的缝隙伸向脱水桶的底部，把黄油均匀地涂抹在脱水桶的传动轴上。然后放开左手，让脱水桶复位，用手轻轻转动脱水桶数次，启动脱水定时器，让脱水桶高速转动 30 秒钟。这样便可消除其啸叫声。此外，还要注意紧固有关螺丝和在转动部位加注润滑油。

除电风扇噪声法

电风扇在运行过程中有了噪声，首先要检查风叶止动螺丝是否松动。如果松动了，风扇会发出“当当”的声音，只要把止动螺丝拧紧在键槽里，噪声便会消除。其次检查扇叶边是否变形。如果变形，风扇会产生振动和噪声，只要对变形叶片进行校正，噪声便会消除。再次是检查网罩是否变形。如果变形，风扇会产生噪声，只要校正网罩，噪声便会消除。最后检查轴承是否松动或缺油。如果松动或缺油，风扇会发出“咯啦”的声音，只要调整轴承或加润滑油即可。

除磁带噪音法

磁带在放音时有“吱吱”声，或发现磁带不动，可将磁带盒打开，把里面两个带盘左右掉换一下即可(磁带盘的面相应要反一下)。

除电唱机放音时噪声法

机械噪声往往是由于转盘与面板、宝塔轮相碰撞引起的。这时可把主轴螺帽旋紧些，若旋紧后仍不能解决，可垫上1～2片垫圈。此外，可适当旋紧传动机构的松动部件，并在转轴部位加少许润滑油。

除电推剪的噪声法

电推剪的响声大，可轻度调节压刀片螺丝或侧面元宝形调节螺丝。如果电推剪发出“咯咯”声，说明刀片松紧度没有调好，这时只要把压刀片的螺丝和侧面微调螺丝略加调整即可。

除电动剃须刀噪声法

电动剃须刀的噪音过大，主要是间隙过小造成的，要及时调整内、外刀片之间的距离。

除镇流器噪声法

可把镇流器的盖子打开，在镇流器的边上用小刀挑开一条小缝，将熔化了的蜡灌进镇流器硅钢片的间隙里，使硅钢片的振动大大减轻，这样日光灯的噪音就可以消除了。

使空调机噪声变小法

将空调机底部安装平稳，或添上一块大小相仿的木板可减低噪音。有时固定螺丝松紧程度不当，也会引起振动的噪音，可调整固定螺丝的松紧度，并试听运行噪音的变化，直到噪音最小即可。

除地板响声法

如果人在地板上行走，地板吱嘎作响，可把滑石粉撒在地板裂缝里，地板就不响了。

家庭消毒法

煮沸能使细菌的蛋白质凝固变性，消毒时间要从水沸后开始计算，经过15～20分钟的煮沸能杀灭一般细菌。病人的餐具或棉织品，适宜采用这种方法进行消毒。煮沸消毒的时候，被消毒的物品要全部浸没在水中。

日光中含有紫外线和红外线，照射3～6个小时，能达到消毒的要求。病人的被褥、衣服和用品等，可以拿到日光下暴晒消毒。

3%的“来苏儿”溶液，可以用来对儿童玩具的消毒，浸泡2小时即可。也可以用0.5%的过氧乙酸擦拭；用75%的酒精能在10秒钟以内杀死一般细菌，但不能杀死肝炎病毒；含氯剂，如漂白粉、次氯酸钠或优氯净等也具有很好的消毒作用。

用过的纸张等无关紧要的东西或沾有病人分泌物或呕吐排泄物的纸可以焚毁。

在家庭中没有消毒柜的情况下，可以利用压力锅来进行一些常规的消毒工作。毛巾以及碗、筷、调羹等餐具都可以用压力锅来消毒。只要将它们清洗干净，放入压力锅内煮沸后，盖上限压阀再用中火煮15分钟即可。

酒精能使细菌体中的蛋白质变性而凝固，因此能杀菌消毒。常用75%的酒精消毒皮肤，或浸泡30分钟消毒食具等。

患者的呕吐物、大小便可以用石灰消毒。

微波炉不仅具有煮食快、保持原汁原味的特点，而且还是家庭杀菌消毒的好帮手。故家中已有微波炉的，就不一定要买家用消毒柜了。据有关人士介绍，用微波消毒，是目前世界上最好的杀菌消毒手段之一。它属物理消毒，无化学消毒的副作用。用微波炉消毒，主要是利用微波振荡频率，迅速振荡物体中的水分子及脂肪分子，使其互相摩擦、撞击，使物体温度急剧上升，从而达到杀菌消毒的目的。用微波炉杀菌消毒的时间，比常用的水煮法、冷冻法、蒸汽法、电热管加温法所需时间要少得多，而且其杀菌消毒的效果也好得多。

食具除金属制品外，均可放入微波炉内消毒处理，既方便又彻底。厨房中的抹布，在夏季很易发生难闻的异味，冲洗后放入微波炉中加热消毒，异味即除。衣物消毒，可先在衣物上稍洒点水，再入微波炉加温，能加快消毒速度，提高消毒效果。将餐巾纸放入微波炉内，加热 30 秒钟即可消毒。

浴室防霉法

浴室是房子中最潮湿的地方，尤其在梅雨季节最易长霉菌。只要在容易发霉的地方喷洒水和酒精(5∶1)的混合液，就可收到防止发霉的功效。

可在清理打扫完浴室之后，用蜡烛涂抹瓷砖缝隙 2～3 次。由于蜡可以防水，这样就不易发霉了。即使产生霉垢，清除起来也较容易。

清洁观叶植物法

观叶植物表面沾有灰尘时会阻碍植物呼吸，影响生长。用一只手平托叶子背面，另一只手用海绵蘸水轻轻擦拭叶子，也可用软毛笔蘸水刷洗花叶。

丧失光泽的观叶植物可以用牛奶擦拭。用抹布蘸一些牛奶轻轻擦拭叶子的表面，便可使叶子清新有光泽。或者用喝剩的啤酒擦拭，亦可增加叶子的光泽。

栽植的花卉叶子上常常会落有尘垢，如将一个使用过的杀虫剂喷药罐洗净后，装上清水喷在叶子的表面，即可将尘垢冲洗干净。

清除盆栽植物上尘土法

将花盆放在大一点的塑料袋内，打开水龙头，用莲蓬慢慢淋水。经这样处理后，叶子上的尘土就可以清除得很干净。

驱逐室内苍蝇法

室内喷洒一些纯净的食醋，苍蝇就会避而远之。将干橘皮在室内点燃，既可驱逐苍蝇，又能消除室内异味。将残茶叶晒干，放于厕所或臭水沟旁燃烧，不仅能除去臭气，还可驱逐蚊蝇。

厨房里多放一些切碎的葱、葱头或大蒜等，这些食物有强烈的辛辣和刺激性的气味，可驱逐苍蝇。室内放一盆盆栽番茄，能驱逐苍蝇。

将抽剩的烟蒂剥出烟丝用小碟子盛放，置于室内，能防止苍蝇以及蚊子和细菌的繁殖，并有除臭作用。

用布条蘸风油精挂在室内，可使人感到凉爽，并能驱除蚊蝇。

消灭室内苍蝇法

松香、红糖和机油按 7∶1∶2 的比例搅拌均匀，涂在纸或绳上，便制成了粘蝇纸。将其挂在室内外，即可粘捕苍蝇了。

红枣数枚去核熬成枣汁，与蜂蜜拌匀，表面再滴几滴食油，放在苍蝇多的地方，苍蝇吃了以后就会死去。将烟叶烤焦后研末，拌制成稠粥，加些许食糖调匀，放于碟中，苍蝇闻味即会飞来食之，可使其中毒而亡。

科学家的研究结果表明：苍蝇的中枢神经系统在每次传递信息的过程中，只能顾及视野所及的某一个侧面。当此侧面有外来袭击或碰撞时，苍蝇大多可灵巧地进行躲避。但当从两个方向呈 180 度的侧面以同等距离逐渐接近苍蝇并发起攻击时，苍蝇的中枢神经系统则无法迅速地进行判断并做出反应。因此在拍击苍蝇时，可以左右手各持一个蝇拍或一张薄纸和一件物品，等待时机。当苍蝇停在窗纱上或前后飞行时，可从方向相反的两侧（前后或左右）接近苍蝇，并尽量保持两侧与苍蝇的距离大致相等的水平，然后看准时机，猛然用力夹击，成功率极高。

将吸剩的香烟蒂剥开，取烟丝在锅内烤焦，碾成细末，加入少量食糖和鱼内脏碎末。在纸上混匀后，放在苍蝇经常出没处，苍蝇食后可丧失飞行能力。

驱逐和杀灭室内蚊虫法

在室内放几盆盛开的凤仙花，有驱蚊作用。

往电扇叶片上洒数滴风油精，随着电扇不停地旋转送风，不仅能使满屋生香，而且有驱虫的作用。

清凉油味有较强的驱蚊作用。如在房间内的各阴暗处，分别放上揭开盖的清凉油 4～5 盒，可使蚊子在整个夏天都不敢进入房间内。

在蚊香上洒几滴风油精，蚊香燃烧的烟清香扑鼻，灭蚊效果也好。也可在电蚊香片上滴几滴风油精，以增加电蚊香灭蚊效果。在洗浴水中加些风油精，能提神醒脑，还有防治痱子及虫叮和祛除汗臭作用。

在空酒瓶中装入 5～10 毫升的糖水，摇晃一下，放在蚊虫多的地方，飞进瓶内的蚊虫就会死掉。

用空酒瓶装 5～10 毫升的啤酒，轻轻摇晃，使瓶内壁沾上酒液，放在桌上或室内蚊子较多的地方，蚊子闻到酒味就会往瓶子里钻，飞进瓶内的蚊子就会死掉。

当蚊子叮在天花板或墙上时，可用吸尘器的软管而不装头去吸，就能吸掉蚊子。

驱逐室内蟑螂法

鲜黄瓜放在食品橱里，蟑螂就不会接近食品橱。鲜黄瓜放两三天后把它切开，使之继续散发黄瓜味驱除蟑螂。将新摘下的桃叶放在蟑螂经常出没的地方，蟑螂闻到桃叶散发的气味便避而远之。在厨房或碗橱内放一盘切成丝的洋葱，蟑螂闻味便立即逃走，同时还可延缓室内其他食物变质。

诱捕室内蟑螂法

取空玻璃罐头瓶作陷阱，其内放上能散发诱虫香味的糕点屑，瓶口抹些麻油，将其斜放在墙角或柜边，即可诱捕蟑螂。

肥皂切成小片，冲泡成浓度为5‰的肥皂水，在蟑螂出没处喷洒，蟑螂可杀灭。

将硼砂、面粉和糖各等份，调匀后做成米粒大小的饵丸，撒在蟑螂出没的地方，蟑螂吃后即被药死。也可将土豆去皮煮熟捣烂，混入等量硼酸，制成小丸子，然后撒在蟑螂经常出没的地方，半个月之内即可杀灭蟑螂。

老丝瓜络剪去一头，在网络空隙内塞些油条、面包屑，放在蟑螂出没的地方，蟑螂钻入瓜络觅食就退不出来了。

100毫升桐油加温熬成黏性胶，涂在一块15厘米见方的木板或纸板周围，中间放带油腻和香味的食物，在蟑螂觅食时就会将其粘住。

打扫地板时撒些漂白粉，可消灭跳蚤、蟑螂等害虫。

诱捕室内老鼠法

将面粉、大米或玉米粉炒熟，加入少许香油或别的有香味的饵食，拌上干水泥，放在老鼠出没的地方。老鼠嗅到食物与油香便会吞吃下去，水泥进入老鼠的肠道，吸水后即会凝固，导致老鼠便秘、腹胀而死。

石灰粉1份、面粉或豆粉2份炒热拌匀，放在老鼠常走动的地方。老鼠闻到香味就会来吃，吃下后就会口渴，石灰见水后会生热和膨胀，老鼠会因饮水胀肚而死。

20克漂白粉投入鼠洞，然后往洞里灌水，迅速封住洞口。漂白粉遇水后即会产生氯气，老鼠就会被毒死在洞里。

将适量的纯氨水1 000毫升灌入老鼠洞里，并迅速堵塞洞口，强烈的氨水气味会将老鼠熏死。

柴油与黄油或机油拌匀，涂放在老鼠洞周围，老鼠进出时便会沾一身油污，感觉不适，就会用舌去舐。柴油等随消化液进入老鼠的肠胃，使消化机能失常，老鼠便会死亡。

将松香和蓖麻油以7∶3的比例混合后加热调匀，熬成胶状，涂于木板上，并撒上诱饵，即可用其粘住老鼠。

驱逐室内臭虫法

取桉树油和桉树叶各适量，加适量肥皂水和松节油调匀，涂于臭虫常出没的地方，即可起到驱逐臭虫的作用。

将饮剩的白酒洒在臭虫出没的地方，可起到驱逐臭虫及其他虫类的作用。

消灭室内臭虫法

螃蟹壳晒干后碾碎，与同等分量的辣椒面搅拌均匀，然后拌入适量的木屑，可消灭臭虫。

到中药店买些苦树皮，每间房买500克即可。煮沸1～2小时后，用纱布滤出药水，然后用刷子涂抹于有臭虫的地方。隔10天抹一次，连续3次即可将臭虫全部消灭。此法无味无毒，比化学药物灭臭虫要好。

在壁橱中放些装有雪杉木锯末的小布袋子，可使壁橱内充满芬芳的木材香味，而且还可以驱虫。

消灭室内跳蚤法

在墙角或床底等不易被人踩着的地方，撒上一层2厘米厚的石灰粉或草木灰。当跳蚤落到灰粉上就再也跳不起来了。此法简便，且能吸湿防霉。

用5%的敌百虫溶液或敌敌畏，喷洒于蚤类经常活动的地面，可将其药死。

将桃树叶加樟脑丸适量，捣碎，放在小缸中，将家猫身放入，四周用布遮紧，猫头露出缸外，15～30分钟后将猫放出，此时猫身上的跳蚤已悉数昏迷而跌入桃树叶中，立即喷洒灭蚤药水于缸中。

将250克左右的新鲜橘皮切成碎末，用纱布包好挤出带有酸苦味的液汁，然后将液汁放入500毫升左右开水中搅匀，待凉后喷洒在家猫身上，或将毛巾在橘液中浸湿后裹在猫身上。1小时后，家猫身上的跳蚤全部死掉。

驱逐和消灭蚂蚁法

糖罐里的糖常常是蚂蚁窃取的目标，如在糖罐的外面套上几根橡皮筋，蚂蚁一闻到橡胶的气味便会远远地避开。

在蚂蚁经常去的地方撒些盐，蚂蚁就不会再来了。

将泡过锯末的水浇在蚂蚁常来的地方，蚂蚁便会远远地避开了。

在木器脚的地面上撒些石灰，或在木器内放些石灰，均可防止蚂蚁爬入。

在房舍或庭院蚂蚁出没的地方撒些炉灰，蚂蚁便不会来了。

将蛋壳用火煨至微焦研粉，撒在蚂蚁出入的地方或墙角处，即可驱逐蚂蚁。

用 200 倍洗衣粉溶液喷洒在蚂蚁上或灌穴，15 分钟内能使蚂蚁中毒死亡。

日用物品除污保洁篇

清洁电脑法

电脑表面的灰尘，可用潮湿的软布和中性高浓度的洗液进行擦拭，擦完后不必用清水清洗，残留在上面的洗液有助于隔离灰尘，下次清洗时，只需用湿润的毛巾进行擦拭即可。

应定期打开机箱，用干净的软布、不易脱毛的小毛刷或吹气球等工具进行机箱内部的除尘。

清洁笔记本电脑法

清洁笔记本电脑时，先关机，然后用蘸有碱性清洁液或蒸馏水的软布轻轻擦拭，再用一块比较柔软的干布擦干。

清洁光盘法

光盘表面如发现污迹，可用干净的棉布蘸上专用清洁剂，由光盘的中心向外边缘轻揉，切勿用汽油或酒精等含化学成分的溶剂，以免腐蚀光盘内部的精度。

清洁电脑键盘法

关掉电脑电源，将键盘从主机上取下。在桌上放一张报纸，把键盘翻转朝下，距离桌面10厘米左右，拍打并摇晃。

用吹风机对准键盘按键上的缝隙吹，以吹掉附着在其中的杂物，然后再次将键盘翻转朝下并摇晃拍打。

用一块软布蘸稀释的洗涤剂（注意软布不要太湿）擦洗按键表面，然后用吸尘器将键盘再吸一遍。

键盘擦洗干净后，用棉球蘸上酒精、消毒液或药用双氧水等进行消毒处理，最后用干布将键盘表面擦干即可。

如果想给键盘来个彻底大扫除，就得将每个按键的帽儿拆下来。普通键盘的键帽部分是可拆卸的，可以用小螺丝刀或掏耳勺把它们撬下来。空格键和回车键等较大的按键帽较难回复原位，所以尽量不要拆。最好先用相机将键盘布局拍下来或画一张草图。拆下按键帽后，可以浸泡在洗涤剂或消毒溶液中，并用绒布或消毒纸巾仔细擦洗键盘底座。

擦电视机屏幕法

给电视机屏幕去污最好是用细软的绒布或药棉蘸酒精少许，擦时应从屏幕中心开始，轻轻地逐渐向外拭抹，直到屏幕的四周。这样既能擦得很干净，而且也不会损伤屏幕。

除电视机按钮上污垢法

清除电视机选台器及各种开关上的污垢，可用牙签卷着软布擦除，也可以用布蘸几滴洗涤剂擦拭。

除电视机内积尘法

清洁电视机内部时，先断电源半小时，再打开电视机的后盖，用电吹风将积尘吹净，然后用无水酒精的棉球擦洗电路板，用干布团轻擦内部线路，最后用电吹风吹干。

用皮鼓囊将散在机件各部位的积尘吹掉；将自行车打气筒的金属嘴拧下，一个人均匀地缓慢打气，另一个人将胶皮管的出口对准机件各部位吹气，将积聚在机件部位上的灰尘吹掉。操作时应特别注意，不可碰坏电器元件及机内连线。也可用吸尘器除尘，效果较好。

空隙大的地方，可用新软毛刷轻轻地刷掉机件上的积尘。切勿用嘴去吹机件上的积尘，以免口中水分随风吹入，影响机件性能。

清洁电视机外壳法

清洗电视机外壳时，先将电源插头拔下，切断电源，用柔软的布擦拭。如果外壳油污较重，可用40 ℃的热水加上3～5毫升的洗涤剂搅拌后进行擦拭。切勿用汽油或任何化学试剂清洁电视机的机壳。

消除屏幕上划痕法

电视屏幕上如果有了划痕，可用小手绢或绸布蘸点酒精在划痕处轻轻地摩擦，就可将划痕除掉。

擦录音机磁头法

录音机内的录音头槽口很容易积贮灰尘和污垢，要时常用无水酒精或磁头清洁剂清洁。清洁时不可用硬毛刷，要用棉花蘸清洁剂来清洁录音头。

录音机磁头磨损后，可拆下将其表面在细油石上研磨，然后用包香烟的锡箔涂少量牙膏继续研磨，直至磁头弧面光洁且闪亮为止。

录音机磁头脏污后，使音质变差。用磁头清洗剂洗后，磁头镜面处若仍留有像铁锈样的磁粉，不易清除，可用橡皮擦拭，磁粉便能很快消除而不伤磁头，再用清洗剂擦一遍，录放音质会有明显提高。

擦录音机表面元件法

用香烟过滤嘴清洗录音机表面元件比用棉丝清洗效果好，将沾有酒精的香烟过滤嘴插入主导轴，放置2分钟，按下前进键，在主导轴转动的同时，将过滤嘴上下提拉数次，主导轴上的污垢将被溶化粘附，然后将此过滤嘴扔掉，再取一只干净的过滤嘴，重复上述过程，则主导轴上的污物就去除了。剥去过滤嘴上的纸皮，利用纸皮内的过滤物质还可清洗磁头后带轮等机芯表面的元件。

录音机的电机传动胶带使用日久常会出现打滑现象，可把胶带从录音机上拆下来用水轻轻擦洗，然后用干毛巾擦干就能继续使用，但胶带严重拉伸变长者不适用。

清洁唱片法

一般唱机上都附有清洁唱片的特殊清洁器，如果不具备清洁装置的话，可用优质纱布或软绒布浸水拧干后轻擦唱片，这样既可除尘又能防静电。

清洁录像机法

经常清洗磁头，对录像机有利无害，因此千万不可等到图像质量很差时才想到清洗，因为那时再擦已太晚了。首先切断电源，打开机器盖，然后用鹿皮蘸无水酒精或清洗剂紧贴在上鼓组件的侧面，慢慢地转动上鼓数圈，而且只能沿磁带运动方向水平地擦，重复数次。除磁头外，转动轴等也应顺便轻抹。应注意，清洗过程中，清洁剂不要碰到线路板等地方。

给录像机除露法

遇到录像机进行自动凝露保护的情形时，不要急于送到维修部去修理，更不要强行试图启动。只要插上电源，将机器预热1～4小时，待潮气驱散后就可开机使用了。如果需急用怎么办呢？一个办法是打开机盖用电风扇对着机器吹风，这样可以加速驱潮。另一个办法是利用电吹风对准机内走带机构及磁鼓部位，间断吹入热风，只需几分钟就能使机器启动工作。但使用电吹风时，应注意不能将风口过于靠近录像机，以免高热使录像机内部的塑料零件变形。

擦冰箱外壳法

冰箱外壳的一般污垢，可用软布蘸少许牙膏慢慢擦拭。

用软布蘸湿擦去灰尘，油污处可用少量清洁液，最后用干的化纤布来回擦拭，使其具有光泽。

用等量的漂白剂与中性清洁剂混合，然后用软布蘸此液擦拭，再用清水洗净，并以干布拭干水分。

冰箱外表洁白美观，使用日久难免发黄，可用苏打粉调成薄糊，涂遍冰箱白漆处，待干后用软布抹擦，就能使其恢复原来的洁白光泽。也可把亮光剂倒在干软布上轻擦，就能使冰箱恢复原来的面目。

冰箱背面的冷凝器和下部的压缩机如积灰太多会影响散热效率，因此每年应清扫一两次。清扫时，可用干的软布或新的漆刷仔细地刷几下，切勿碰伤连接管道。

冰箱的门把手很容易沾上油污，既不卫生又不美观。如在门把手部位绑一条小毛巾，每次开关箱门，手握在小毛巾上，则可防止门把手沾上油污。

清洁冰箱内部法

清洗冷冻室时，首先切断电源，将箱内食物全部取出。化霜后，可开始用毛巾或软布浸溶有中性洗涤剂的温水清刷内壁，同时用毛刷清除缝隙里的污垢，注意洗刷时不要使污水到处溢流。间冷式自动化霜结构的冰箱还要用清水冲净化霜导管中的污垢，注意切勿用金属工具铲刮冰霜。

清洗冷藏室时，将全部附件取出，用中性洗涤剂彻底洗干净。用毛刷清除接水盘中的污垢，同时疏通导水管。然后，用清水冲洗干净。注意防止污水到处溢流，然后把冷藏室的内壁洗净且擦干。

用酒精擦拭冰箱效果好且不污染食物。切断电源，将药用酒精倒在浇花用的喷枪内，对着电冰箱的污染处，一只手喷洒，另一只手拿干布擦拭。污垢脱落，冰箱臭味也随酒精的蒸发而消失。角落及网状棚架，可用同样方法清洗。

将喝剩的啤酒洒在毛巾上，拧干后擦拭冰箱，干净且有消毒杀菌作用。

除冰箱内霉菌法

冰箱内有了霉菌，可用湿布蘸洗衣粉或用干软布蘸肥皂水擦拭。如果擦不掉，可用干布蘸上少量的酒精擦拭。

用2‰的苏打水溶液擦拭，不仅能除霉菌，还能去污垢。

除冰箱霜法

新冰箱在使用之前，用干净的塑料食品袋(稍厚一些，剪成单片)，蘸着水贴在冷冻室内四周，然后放入需冷冻的食品，冰箱就可使用了。以后有了霜时，只要用硬塑料片顺着塑料纸和冰箱之间稍微一撬，撕下塑料纸，冰霜就掉下来了。

小冰箱除霜时，可拔掉电源插头，在冰箱冷冻室里放入1盆热水，能缩短化霜时间，前后不超过1小时。

冰箱在使用一段时间后需化一次霜，每次化霜需要较长时间。若打开冰箱冷冻室的小门，用电吹风向里吹热风，可缩短化霜时间。

除冰箱中异味法

将白醋25毫升放入敞口的瓶中，置入冰箱内，隔一段时间后异味即可消失。

将500克苏打装入2个敞口瓶内，放置冰箱内的上下两层，即能去除其异味。

将40克花茶装入纱布中放入冰箱，可除异味。1个月后，将茶叶取出放在阳光下暴晒，然后再装入纱布袋放入冰箱，可反复使用多次，效果颇佳。

泡一杯浓茶，红茶或绿茶均可以，茉莉花茶更佳，待冷却后直接放入冰箱内，10天左右更换一次，也可消除冰箱内的异味。

冰箱中有一股难闻的气味，可将柠檬切成小片，放在冰箱的上下各层，异味即除。

将晒干的残茶叶放入碗内，置于冰箱中，能消除冰箱中的异味。

将砂糖炒一下装入纸袋，便成吸湿材料，搁置一段时间后放入冰箱内，可作除味剂使用。

如果冰箱中的异味不太浓，在里面放一杯煮开的牛奶就可将其消除。

蒸馒头剩下的一小块面粉团放置在碗中，置于冰箱冷藏室最上层，可以使冰箱在2～3个月里无异味。

将新鲜橘皮洗净揩干，分散投入冰箱内，3天后冰箱内异味全无，清香扑鼻。

将烧过的煤饼放入碗中，摆在冰箱中，可除去冰箱异味。

冰箱中有异味，可把适量木炭碾成灰，装入小布袋，放置冰箱中，异味即除。

烤焦的面包片不要丢弃，它可以作为冰箱的除臭剂使用，因为它具有与木炭一样的功效。

将咖啡渣晒干后装入布袋内，置于冰箱中，能起到较好的除臭作用。

清洁洗衣机法

洗衣机外壳发黄，可用湿布或海绵蘸苏打粉擦拭，能恢复光亮。

洗衣机内有了霉垢，可将洗衣机内装满水，倒入一杯醋后搅拌清洗，直到霉垢去除。如一次不行，可再加点醋，反复数次就可把霉垢清除干净。

除电风扇上污迹法

电风扇上有了油污或灰尘，可以利用洗衣服剩下的肥皂水，将电风扇上拆下来的零件放到肥皂水中洗，最后用干软布抹干，上一层油或蜡。

若电风扇上的扇叶是塑料制成的，可用海绵蘸洗涤剂仔细地擦掉灰尘和污垢，然后再用拧干的布擦干净，阴干。

电风扇的表面若有虫粪等污迹，可先用带着少许水分的湿布或机油擦抹数遍，再用干布擦抹，即能干净如新。

用软布蘸少许洗涤剂在电风扇上轻轻地擦一遍，不仅能除去电风扇上的灰尘和污垢，而且连一些小小的锈斑也能一扫而光。擦完后再取一块软布蘸少许缝纫机油在电风扇的表面擦抹一遍，这样可使电风扇洁净光亮。

除排气扇上油垢法

排气扇用久了，上面积了一层油污，用棉纱裹锯末或直接用手抓锯末擦拭，油垢越厚越易擦掉。擦拭后，用清水冲洗一下擦干，即可使排气扇清洁如新。

先将排气扇上的风叶拆下，浸泡在加入食醋的温水中，再滴上几滴洗涤剂，半小时后用干净的软布擦洗。外壳不容易取下，可以用这种溶液直接擦拭。

清洁冷风机法

冷风机的滤网积聚太多的灰尘时，其效率明显降低。滤网可用清水或中性洗涤剂清洗，不可用肥皂。

清洁吸尘器法

吸尘器的刷子会沾染许多细微的头发或尘埃，很难清理，若用合成树脂制的梳子刷，则很容易把头发或尘埃刷掉。

吸尘器的集尘袋应该用洗衣粉和清水洗净，晾干后再装入，以使其发挥最高吸尘效率。

除电熨斗上污垢法

欲使熨斗常保持清洁光亮，可以用牙膏擦拭底部和其他部位，如此一来，熨斗就光亮如新了。

电熨斗底部脏污时，可将一块旧布对折，在两层布间撒些蜡烛粉，把热熨斗在布上重重移动多次，再在干净布上熨数次，然后立即在一块干净的布上来回熨几下，熨斗底部污垢就能清除。也可将热熨斗放在燃烧的蜡烛上片刻，再用干布擦拭，同样能除垢。

把一条湿毛巾叠成与电熨斗底平面同样大小的形状，在毛巾上均匀地撒一层苏打粉，然后将电熨斗接通电源，温度达到 100 ℃时，在湿毛巾上来回搓擦，待看不见水蒸气时，再用布擦掉苏打粉，电熨斗的污垢就去掉了。

如果因使用不当，熨斗底部出现了黄黑色的斑痕，可把熨斗通电数分钟后切断电源，用干布或棉花球蘸少量松节油或肥皂水用力擦底面，反复数次，黄黑斑就会消除。

电熨斗稍微加热后，放在撒上食盐的纸上擦一下，其面板就可变得干净。

将电熨斗加热，在底部涂上少许白醋或抹上一些蜡烛油，然后用较粗的布在上面擦拭，污垢就能除去。

用去污粉或墨鱼骨蘸水在底板上反复擦拭。

在蒸汽熨斗水槽内倒入一大匙食醋，反复摇晃后倒掉，然后再用清水冲洗干净。当蒸汽熨斗水槽里的水垢除去后，再打开蒸汽开关，让水分完全蒸干。

用久的熨斗滑动不顺畅时，可以在蜡纸上烫一烫，能使熨斗光滑和熨烫顺畅，而且不易粘上浆糊。

把电熨斗底板放在硝基稀料（喷漆用的香蕉水）中浸泡20分钟左右，取出用干净的软木塞来回摩擦。

去除电熨斗底部的痕迹，可将去污粉、蜡、植物油按8∶1∶1的比例配制成抛光磨料。使用时，将此磨料涂在电熨斗底板上，用化纤布用力揩擦痕迹处，即可清除痕迹。

清洁电热毯法

将电热毯平铺在桌上，用棉花蘸汽油把污迹擦去；也可用刷子蘸洗洁精轻轻擦拭，擦干后可放在通风处晾干。

用水洗电热毯时最好用手洗，不宜用洗衣机。因为手洗可以避免将开关、插头和调温器等浸泡在水中。电热毯有两面，一面是布料，另一面是毛毯或棉毯，电热丝缝合在布料和毯之间，固定在布料上。洗涤布料一面时，最好平铺开，淋上洗衣粉或肥皂水，用刷子刷洗。洗涤棉毯一面时，最好用手搓洗，搓洗时应尽量避开电热丝，以免折断电热丝。洗后可将其挂起，让水自然滴干。

清洁家用电器开关和插座法

家用电器开关上的手印痕迹，可用橡皮擦净。也可用橡皮擦拭高频头或电位器等的触点，擦后光亮如新而不损伤银层。

插座上沾染了污垢灰尘，最好使用干软布蘸少许去污粉擦拭。

清洁电线法

电线上的污垢，可用软干布擦拭。也可用软海绵和泡沫塑料将灯线夹住，只要用力将灯线抽过来，灯线就能擦得很干净。

清洁照明灯具法

普通灯泡，可用盐水擦拭。磨砂灯泡上的污尘，先用半个洋葱擦拭，然后用湿布抹干净。

厨房里的玻璃制品（特别是灯泡），常常被油烟熏黑，不易清洗，可以用抹布蘸些温热的食醋擦拭。或者在要擦的玻璃制品上先涂一层石灰水，干后用布擦净。注意，灯泡应取下擦拭，擦好要干透后再使用。

日光灯在取下前先要切断电源。悬吊型的日光灯先从天花板卸下，比较容易清洁。直接装设于天花板上或是嵌入型的日光灯，只要将外壳卸下，用蘸有清洁液的布擦拭即可。日光灯在取下之后，使用清洁液等擦净污垢，再用水擦拭后再擦干，待干燥后再装上。

清洁水晶吊灯法

用水晶灯专用清洁剂或从五金店买到的工业用煤油进行清洁，先观察水晶灯的情况，尽可能不要拆下来洗，不妨先在水晶灯下的地板上铺一些报纸或塑胶布，再在上面铺毛巾或布，以做吸水之用。然后切断电源，将清洁剂由上向下喷到水晶灯上。由于清洁剂含酒精成分，无须用布抹，很快便会干透。

擦拭灯罩法

清洁带有皱纹的布制灯罩时，可用一种毛头较软的牙刷作工具，既能刷去污尘，又不易损伤灯罩。若是用丙烯制的灯罩，可抹上洗涤剂，再用水洗去洗涤剂的成分，然后擦干。

如果灯罩是用油椰叶纤维或麦秆制作的，就特别容易沾上灰尘。不过，如果用蘸有脱脂牛奶的海绵顺着纤维来回刷几次，然后再用干布擦干，灯罩就会变得很干净。

台灯的灯罩很多都附带有一些饰物，不宜进行刷洗，最好用长毛软刷细致地将灰尘刷掉。

清洁磨砂玻璃灯罩时，可先在纱布上挤少许牙膏，慢慢地擦拭灯罩的外壁。对于不平整的地方，可用纱布把一根牙签或竹筷包裹起来，再蘸取牙膏来擦拭，最后再用干净纱布擦一遍即能光亮如新。

清洁水晶串珠灯罩时，可先用纱布蘸取少许中性清洁剂擦拭串珠(尽量不要将串珠子的线弄湿)，再用纱布蘸清水擦拭干净后让其自然晾干。

清洁手机法

用纸巾蘸少许花露水擦拭手机，不但能消毒，而且留有香味。

清洁电话机法

粘在电话机上的污垢，可用洗涤剂原液滴在布上擦拭，便能使其光亮如新，最后再用湿布抹净。

电话机拨盘及按键上的污垢，可用筷子卷着沾有酒精或醋的布，一面拨转一面擦，就能将其擦干净。送音器与听音器的小孔可使用同样的方法处理，也可以用毛笔尖将孔中的灰尘挑出，还可以小心地将它拆下，用牙签清洗。

常用棉花蘸少许花露水擦拭电话筒，不但能起到消毒的效果，看起来干净，而且又有一股清香的气味。

电话机消毒法

选用0.2%洗必泰溶液擦拭电话机可杀灭98%的细菌，其效果可以持续10天左右。也可以用75%的酒精来擦拭电话机的外壳部分，但由于酒精容易挥发，效果不能持久，所以应当经常擦拭。

清洁家用摄像机法

每次使用家用摄像机后，都要进行适当的清洁。一般先用柔软的毛刷刷一遍外表，然后用气吹子吹，再用细软的布揩一遍。有汗迹的地方，可用湿软布擦。

家用摄像机的走带通道，包括导杆、导柱、全消磁头、磁鼓表面、音频/控制磁头、主导轴和压带轮等磁带要经过的部件，这些部件的工作时间长了，会粘上灰尘和磁带上掉下的磁粉，故要定期清洁。清洁时可用磁头清洁液和专用清洁棒(可用鹿皮和脱脂棉球代替)，蘸清洁液把和磁带接触的所有部位擦洗干净。但注意，不要用金属物去碰击、刮划通道内任何部位，也不要拧动任何螺丝，从而改变任何部件的位置，因为这可能会影响整机的性能。

清洁数码相机镜头法

数码相机使用后，镜头多少会沾上灰尘，最好的方法是用吹气球吹掉，或者是用软毛刷轻轻刷掉。如果吹不去也刷不掉，那就要使用专用的镜头布或者镜头纸轻轻擦拭。但要记住一个原则，不到万不得已不要擦拭镜头。千万不要用纸巾等看似柔软的纸张来清洁镜头，这些纸张都包含有比较容易刮伤涂层的木质纸浆，一不小心会严重损害相机镜头上的易损涂层。擦拭之前，要确保表面没有可见的灰尘颗粒，以避免灰尘颗粒磨花镜头。擦拭时轻轻地沿着同一个方向擦拭，不要来回反复擦，以避免磨伤镜片。如果这样还是不行，市面上也有相机专用清洗液。要注意，使用清洗液时，应该将清洗液滴在镜头纸上擦拭镜头，而不能够将清洗液直接滴在镜头上。

绝对不能随便使用其他化学物质擦拭镜头，而且只有在非常必要时才使用清洗液，平时注意盖上镜头盖和使用相机包，以减少清洗的次数，清洗液多少还是会对镜头有害，而且有可能带来一些潮湿问题。需要注意的是，在不使用镜头时一定要记住将镜头盖盖好。

清洁数码相机机身法

数码相机在使用过程中要注意防烟避尘，外界的灰尘、污物和油烟等污染可导致相机产生故障，甚至还会增加相机的调整开关与旋钮的惰性。在使用过程中，机身不可避免地会被灰尘、污物和油烟等污染物所污染，所以需要特别注意机身的清洁。

清洁机身，可以使用橡皮吹气球将表面的灰尘颗粒吹走，然后将50%的镜头清洁液滴到柔软的棉布上进行擦拭。擦拭时要注意避免液体从细缝渗入相机内部。千万不能使用酒精等，否则有可能会腐蚀机身表面。

清洁后应该将相机放置在干燥通风且无阳光直射的地方，待其干燥后才可以继续使用或储存。

防止照相机受潮霉变法

照相机每次用毕，都应用吹气球把镜头吹干净，置于干燥处妥善存放。照相机万一受潮要及时去潮，去潮方法可自然通风，也可电风扇排潮，绝不可暴晒或烘烤。擦洗镜头，也只能用牙签卷上脱脂棉花，蘸少许清洁液，从镜头中心逐步擦向边缘。

如果天气多日阴雨，照相机取出使用后，可用电吹风先将铁盒内吹干，待冷却后再将照相机置入后盖紧，可防止镜头霉变。

清洁照相机镜头法

用橡皮吹气球把照相机镜头上的灰吹掉。

用镜头刷或擦镜头纸轻轻地把灰尘拂去，然后哈上一口气，使镜片表面有一层水汽，再用脱脂棉花轻轻地揩擦。如不行，可在脱脂棉花球上滴一滴用乙醚（30%）加酒精（70%）配成的清洁剂揩擦，然后再换上新棉花球（不加清洁剂）轻轻地把镜面揩擦干净。

清洁钢琴法

经常检查钢琴内外的清洁，室内必须保持清洁。钢琴表面不能用湿布擦拭，最好用上光蜡或蘸油的软纱布擦拭，以保持其光泽。钢琴键脏污了，若用酒精擦拭的话，便能亮丽如新。擦拭后应该晾干，不可马上盖上。钢琴键越弹越亮，如果不喜欢琴键的黄色，用双氧水擦拭就会恢复到原来的洁白。钢琴的脚每年要点一次机油，以防锈蚀。每年要打开琴盖上门,用毛刷扫一次灰尘。

钢琴旧了,琴键发黄很难看,用等量的酒精与水调和,再用柔软的湿布蘸此溶液,轻轻地擦拭琴键。不能蘸得太多,以免琴键受潮。用柠檬汁加盐调成清洁剂,也能把琴键擦拭得洁净如新。用牙粉拌酒精或用牙膏揩擦琴键,片刻琴键即洁白。

清洁小提琴法

小提琴的琴板脏了,可用脱脂棉蘸少许牙膏轻轻地擦洗。

清洁手风琴法

手风琴的琴壳表面有了污迹,可用湿布涂些肥皂擦洗。

清洁口琴法

口琴用久了,要卸下盖板,用消毒水或酒精将口琴的各个部分擦洗一遍。与嘴接触的部位可用湿布蘸酒精擦拭,风穴中的污垢可用牙签卷上蘸有酒精的脱脂棉球擦拭。

清洁二胡法

乐器上的松香污垢,可用核桃仁揩擦。二胡弓上的马尾沾上了油污,可用汽油或肥皂把马尾洗净然后晒干。

清洁竖笛法

竖笛用得时间长了,可用湿布蘸酒精擦拭吹气口,清除吹气口内部的污垢,可将纸搓成纸捻子,从吹气口插入,由气孔抽出,如此便能将污垢去除。

清洁钢笔法

钢笔的笔尖和笔颈要经常保持清洁,吸完墨水后要擦干净。还要经常用清水洗皮胆,以免沉淀物堵塞笔舌缝道而影响使用。

用钢笔时忘了套上笔套,笔尖干了不好写,这时只要将笔尖放在醋中泡一下,就可以继续写字了。

清洗毛笔法

毛笔用完后,将其浸在厨房用的漂白剂中,拭除污垢后用清水洗净,挤掉水分,最后用蛋清整形,晾干后即完好如初。

清洁砚台法

常用的砚台，必须每次用完后洗去积墨，保持墨色光润。墨积太久，会泛胶滞笔，也易损坏砚台。

洗砚台最好是用丝瓜络，既能洗去墨垢，又不伤砚台。

清洁墨盒法

墨盒用久了会产生臭味，如用之前加一些硼酸粉进去，可永远不臭。墨瓶中有了臭气，往往用水洗不掉，可用木炭少许，隔一夜臭气即可消除。

使镀金手表更光亮

新买的镀金手表在佩戴前，先将表壳用干净软布拭净，再均匀地涂上一层无色指甲油，待干后再戴。这样，不仅可保持镀金手表色泽持久，不被磨损，而且可增加其外表光亮度。每隔 1～2 个月涂一次，可保持镀金手表光亮如新。一瓶无色指甲油可涂 30 余次。经这样处理，夏天还可防止汗水及水汽浸入表内。此法也适用于镀金表带。

清洁手表钢带法

金属表带积藏污垢后，可用旧书卷成一个粗于手腕的圆筒，把表带套在书筒上，使其尽量撑开，再用一把旧牙刷顺着接缝来回刷一刷，即可将污垢清除。如果能蘸点乙醇或汽油来回刷，去污效果更佳。将沸水倒入干净的器皿里，放入表带浸烫 5 分钟后取出放入冷水中，再用小毛刷清刷，嵌在表带缝隙里的尘垢就会很快脱落，最后再用清水冲洗干净，表带即能焕然一新。

清洁手表钢壳法

手表钢壳上的锈迹，可用最细的砂纸小心地磨掉，然后将背壳整个擦干净。

在手表钢壳上薄薄地抹一层指甲油，干后就形成一层薄膜，可防止表壳生锈。

清洁电子手表法

机壳表面粘附了污斑，或者缝隙处有尘埃污垢，使机壳显得陈旧，可以用一把旧牙刷蘸些煤油刷除。也可先将机内电路板和其他机件取出，把机壳放到盒中用肥皂水刷洗。如果机壳表面仍然有未刷净的污迹或划过的痕迹，就需要用薄刀片轻轻刮除。操作时手推刀片的力量一定要均匀，以免表面出现凹凸不平现象。刀片刮过的机壳应立即涂上细质牙膏，用软布搓蹭进行抛光，使之恢复原有光泽。在容器内注入无水酒精，将表芯取下电池浸泡在容器中并盖好上盖，以防酒精挥发。几小时后，打开容器盖，将表芯在酒精内晃动几下，然后将表芯取出，放在干净的地方使酒精挥发。

擦手表胶盖法

手表胶盖上容易被划毛，轻者可在胶盖上涂以牙膏，然后均匀地用软布摩擦，就可恢复胶盖的光亮清晰，重者(有了划痕)应用细号的砂纸蘸少许水轻轻地摩擦胶盖，磨去划痕后再用牙膏擦拭即可。

清洁座钟、挂钟法

座钟或挂钟内的灰尘较多时，可用一团棉花浸上煤油放在小瓶盖内，然后放在钟里面，将钟门关紧。过几天将其取出来，棉花团上就沾满了污物，钟内的零件便清洗了一遍。如有必要，可重复进行。

除闹钟声响法

室内的闹钟日夜“滴滴答答”响个不停，如果影响您的睡眠，可将闹钟平放在一块薄薄的海绵上，这样闹钟走动所产生的声波就会被海绵吸收，便可消除“滴答”声。

清洁眼镜片法

想清洁眼镜片，又不使之划伤，可在镜片上滴少许醋，就能将镜片擦得洁净明亮。

眼镜片蒙上了污垢油迹时，用细纱布蘸少许白酒或煤油擦拭，既简便又清洁。

眼镜戴一段时间后，可用牙膏洗涤一下。洗涤的方法是将牙膏涂在镜片上，约 5 分钟后放在清水中冲洗干净，再放到阴凉处阴干。

清洁光学树脂镜片法

树脂镜片的优点是轻且不容易碎，缺点是不耐磨。为了能延长其使用寿命，可用自来水将镜片正反表面的灰尘冲洗掉后，用洗涤剂均匀地涂抹在镜片表面，然后用水冲洗掉，镜片上残留的水用面纸吸干，镜片 2 天清洁一次即可。

清洁眼镜架法

金属眼镜架的鼻梁架脏了，可在有机片的正面和反面滴些清洁精，摇晃眼镜使鼻梁架的各部分都沾到，随后用水冲洗干净。

镀金的镜架若用久了会失去光泽及轻微变色，可用布蘸些啤酒清洁，镀金用品便恢复光泽了。

防眼镜生雾气法

吃热面条、去浴室以及在有雾的天骑车时，镜片上往往会产生雾气，影响视力。为防止镜片上产生雾气，只要用食指和拇指蘸些水，在肥皂上来回摩擦几次。然后，将食指和拇指指腹在眼镜片上摩擦数次，既不影响视力，又可防止镜片产生雾气。

取洗洁精少许，均匀地涂在眼镜片的正反两面，然后用干净的眼镜布反复擦干净，直到看不出有洗洁精的痕迹为止。一般可在 5 小时之内起到防生雾气的作用。

冬天戴眼镜易生雾气，只要事先在镜片上涂少许药液（在 30 毫升甘油和 70 毫升浓肥皂液的混合液中，加入几滴松节油拌匀）。使用时，用棉签蘸少许药液擦拭镜片（也可只用少许甘油在眼镜片的两面涂抹一下），再用绒布擦净，这样镜片在 3～4 小时内不会蒙上水雾。

清洁塑料制品法

塑料机壳上粘附了污斑，或者缝隙处有尘埃污垢，使机壳显得陈旧，可用把旧牙刷蘸些煤油刷除。

塑料盛器内有异味，可以用 1 茶匙的苏打粉溶于 1 000 毫升的清水中，把塑料容器浸入，然后再用软擦轻拭一遍，异味即除。

擦塑料椅子时，先将脏污的塑料椅子用湿布擦洗，再将抹布拧干，蘸取含甘油脂的清洁剂擦洗即可焕然一新。

塑料器皿沾上油污，不宜用去污粉擦拭，以免磨去表面的光泽，应用布蘸碱、醋或肥皂擦洗。

将塑料器皿用75%的酒精或5%的高锰酸钾溶液来擦洗，不仅可去污垢，而且可以消毒。

门上的把手以及塑料的开关上由于经常触摸而沾有污迹，只要用橡皮擦拭，很快就能将上面的污垢去除。

清洁铜制品法

铜器上的污垢和烟尘结成的块，或被空气腐蚀，可将其浸在冷的淡氨水中，用金属丝轻轻擦洗，然后很快擦干，再用草木灰和甲醇混合成的糊状物揩擦。

铜器失去光泽，可用盐和白醋的混合液或用半只柠檬撒上盐揩擦，即刻漂净，然后用热肥皂水洗涤，再用清水冲洗且擦干。也可用软布蘸蜂蜜擦拭。

黄铜制品上的漆迹，可用海绵蘸甲醇揩擦。也可将柠檬汁掺和在金属揩擦膏内使用，有助于长期保持黄铜制品的清洁。

带有清漆的黄铜制品有了污垢，可将酒石酸氢钾和柠檬汁混合而成的糊状物涂在铜器上，保留5分钟，然后用热水擦去，用软布擦干。

清洁青铜制品，去掉灰尘后，先用一点亚麻子油揩擦其表面，再用软皮革揩擦。如果青铜制品很脏，用烧开的白酒擦拭，效果极佳。

将160克细木屑、60克滑石粉和24克麦麸拌匀，加入50毫升食醋拌成浆糊状。将其涂在生锈的铜器上，让风吹干脱落，铜锈也随着一起脱落除掉。

铜制品上的污垢，用面粉、醋和盐等调成糊涂抹污处，1小时后擦去，用温水洗净，铜制品即会恢复原有光泽。

如铜锈很严重，就把海盐放在熔化的蜡中化开，用这种液体擦拭铜器，就可消除铜锈。

铜器上生了锈，可用锯末加些食盐擦拭，锈迹就能除去。

铜器有了污垢，用软布蘸些牙膏擦拭便可去除。

清洁雕刻铜器皿法

如铜器上花纹复杂，凹处不易擦净，则可将铜器在加有洗衣粉或漂白粉的热水中浸泡。还可将铜器放在锅中，加水再加适量苏打和粗盐，将水煮沸，铜器上的污垢就能除去。

使旧铜器发亮法

要想使青铜器真正重放异彩，可先用软刷子把青铜器上的灰尘打扫干净，再用1∶4 的酒精和温水清洗，最后用清水漂洗，用麂皮磨亮。

铜器失去光泽，可用半个柠檬加盐揩擦，漂净后用热肥皂水洗涤，最后清水冲洗、擦干，就能恢复亮丽。

铜器放久了表面就会发黑，如用氨水擦，可使表面光亮如新。

铜绿可用布蘸煤油擦一遍，然后用牙粉擦亮。接触食物的内部有铜绿，可用柴灰擦去。

铜器用包香烟的锡纸蘸精盐擦拭即能光亮如新。

在铜器上打一层蜡，可使其长期保持光亮，免去许多擦拭工作。

用一切开的洋葱蘸食盐擦铜器，既能除污，又能使其保持光亮。

清洁电镀制品法

发现电镀件表面出现黄褐色网状斑时，可以用中性机油经常擦拭，以防网状斑继续扩大而使电镀保护层退化生锈。对已经生锈的电镀家具应该及时进行除锈，但是不要用砂纸打磨。小镀件可以放入盛有机油的盆中浸泡一夜，大镀件可以用刷子或棉纱蘸机油涂于锈处，片刻后再来回擦拭几次便可以除去锈迹。

电镀层最怕水汽，所以平时擦拭时只可用干抹布。如有干抹布擦不掉的污迹，可用湿抹布或蘸有肥皂水的抹布擦，但应随之用干抹布擦干。

电镀物体用盐和醋的混合液洗，可以变得更加光亮。

用加有少许氨水的温水洗涤，揩干后用雪茄烟灰揩擦，然后用布擦亮。

可用棉花蘸上植物油擦拭，切不可用硬物除锈。

电镀或烤漆家具出现锈斑，可用棉花蘸酒精反复擦除。

清洁镀铬制品法

先用热肥皂水洗，然后充分揩干，再用小苏打或甲醇揩擦。

镀铬制品脏污时，可在各个部位的表面涂上厚厚一层凡士林，然后悬挂，使用时用热肥皂水洗去凡士林，擦干。

镀铬家具生了锈，不能用砂纸打磨。小件可放入盛有机油的盆里浸泡 8～10 小时，用布擦。大件先用刷子或棉纱蘸机油涂于锈处，过一会儿再用布揩擦即除。

用香烟灰擦拭镀铬层，然后洗净擦亮。

用醋擦拭生锈的镀铬制品，不但可使其表面有光泽，而且不损伤其镀铬表面。

清洁锡制品法

锡器用久了易变颜色，可用荷梗或荷叶汤洗之，即会光洁如新。

锡器生了锈，可用新鲜的番茄一只，切成两半，以其切面擦锈处，并留置数分钟，再用清水洗净。

锡器上有了污垢，可将其放在煤油中泡几天，然后用刷子使劲刷，再用吸水纸吸干。

用两汤匙浓度较低的漂白粉溶液和一个鸡蛋清调和的溶液擦拭，干后抹上凡士林即可。

用煮洋葱的水清洗锡器，既能除污，又能使其保持光亮。

用大葱叶擦拭锡器，可使其变得很光亮。

锡器有了油污，可取橄榄油和白垩粉各半调和成液体擦拭。

用1个鸡蛋的蛋清加水少许，用抹布蘸此液可将锡器上的污迹擦除。

用粗糖及稻草灰擦拭即可去除锡器上的污锈。

喝剩下的啤酒能轻松地擦去锡器上的绿锈。用咖啡渣也可以除去锡器上的绿锈，当然最后要打磨才能使其光亮。

清洁铝制品法

将生黑斑的铝制品泡在醋水混合液中10分钟后取出清洗，会使其光洁如新。

铝器表面污垢很多，可用番茄的皮或核等废弃物加水一起煮，里面的果酸可以使铝器恢复光泽。

将铝制品温热一下，用涂有牙膏的抹布擦洗，既省时、省力又干净。

清洁铁制品法

平时保养得好，只需用细的金刚砂纸轻轻擦拭，再用浸在橄榄油中的软布揩擦。

将石蜡刮成细末装在瓶子里（约半瓶），注入汽油至满瓶。把瓶子放在温暖处，当石蜡溶化后，把这种石蜡汽油混合液涂在铁锈部位，一昼夜后，用粗糙的布揩擦，铁锈便会除掉。擦完后再涂上一层这种溶液，在以后数月内不会再生锈。

铁器锈得很厉害，可用旧刀片将其刮去，再浸入煤油中，用钢丝刷轻轻地刷洗。待清洁后，再用金刚砂纸擦亮。

铁桶用久了会积一层锈污，要将其去除，可用碎布蘸透煤油，然后在铁桶壁上擦拭，不但可去除锈污，而且可使铁桶光亮如新。

用2份煤油和1份食油配成溶液，将其涂在铁器上，几小时后再将其擦掉，就能去掉铁锈。

小农具生了锈，可用500克硫酸铵配上1 000毫升清水，把铁制小农具生锈的部位放在配制的硫酸铵溶液里浸泡2～3小时就可把锈全部退掉，然后再用布擦干。擦干后涂上少许桐油，就能使农具久放不再生锈。

用切开的大葱头擦拭生锈的铁具，铁锈很容易就被擦去。

用一片生地瓜在生锈的用具上擦拭几遍，再用干布擦干净，铁锈就会被除掉。

取一团棉纱，用水弄湿，蘸上硅酸盐水泥粉来回擦拭生锈处，可除去锈迹。用土豆片加少许砂末擦拭，铁锈即可去除。

用清水加少许淀粉和适量烧碱，加热后涂于铁器表面，过十多分钟，漆层软化后用力刮除，最后用热水洗净。

铁炉生了锈，可先用砂纸或硬刷子将锈除去，然后用适量的石墨粉加水调匀，用软刷子蘸石墨粉将炉身涂刷均匀，一直到通体发亮为止。

铁器生锈，可放入盛有废机油的容器内浸泡一夜，如系大件铁器，可用棉纱蘸废机油涂抹锈处再擦拭，便可去除锈斑。

在生锈的铁制器皿上涂些木炭，然后用油擦，就能除其锈。

生锈的铁器用淘米水浸泡3～5小时，捞起擦干，就能除锈。

清洁不锈钢制品法

锅底如有食物粘结烧焦，可用水浸软后再用竹片或木片轻轻刮去，洗净后用干布揩干放置于干燥处。

用白垩粉和水混合成的糊状物揩擦污迹，然后用热肥皂水洗涤，再清洗并擦干。

用不锈钢蜡涂在斑迹上，便可擦净。

不锈钢琉璃台必须使用金属专用的洗涤剂来擦洗，一面放水一面清洗，就可洗得一干二净，同时也能闪现晶亮的光泽。若用刷子蘸清洁剂轻轻地擦，亦可擦得干净，最后再用很湿的布把清洁剂擦除。

不锈钢制品上有污物，用橘子皮内层蘸上去污粉擦拭，可防止出现擦伤痕迹，使其显得格外亮泽。

不锈钢餐具用一段时间后，外表面被烟气熏黑，可生有一层雾状物，使其发暗。可用软布蘸少许去污粉或洗洁精揩抹，即能恢复光亮。

不锈钢餐具如有污垢，可用碳酸钠或市场上售的玻璃清洁剂擦拭。

将土豆皮撒在不锈钢碗盆内，再倒入清洁剂擦拭，很容易清洗干净。餐具上的鸡蛋痕迹，可用煮熟的土豆擦拭。

不锈钢台面上有了污垢，可用挤汁后的柠檬擦拭，能使其变得光亮如新。也可将饮剩的啤酒用来擦拭不锈钢灶面台板，将其擦得干干净净。

不锈钢灶具不能用硬质百洁布、钢丝球或化学剂擦，要用软毛巾、软百洁布带水擦或用不锈钢光亮剂擦亮。若煮水时忘记熄火，不锈钢茶壶表面变成黑色，清洁的方法是：把两汤匙烧碱加入半碗热水中，用毛巾浸透后铺在壶迹面半小时，然后用加有洗洁精的百洁布用力擦，或用力轻刮即可。

不锈钢锅有了油污，可在锅内放少量水，将锅盖反盖在锅上，把水烧开，让蒸汽熏蒸锅盖，焖一段时间，待油垢变得发白松软时用软布轻轻擦拭即可清除，光亮如新。

用剩下的萝卜或小黄瓜碎屑蘸洗洁剂刷洗，之后再用清水冲洗一遍，能使不锈钢梳理台光亮如新。

用浓度较高的苏打水擦不锈钢器皿，可使其焕然一新，省时、省力又方便。

清洁搪瓷制品法

搪瓷制品沾有污垢，可用柠檬汁和盐揩擦，然后清洗且擦干；也可用海绵蘸肥皂擦拭；还可用丝瓜络、家禽的羽毛擦抹干净。

面盆等搪瓷制品上有了黄色斑痕，可用洗洁精、去污粉擦洗，也可用柠檬皮擦拭，还可用湿布蘸上一点小苏打粉擦净。

先把带有污垢的搪瓷制品用极少量的水湿润一下，然后用干燥的粉笔在污垢部位反复摩擦，最后把粉笔灰冲洗掉即可。

搪瓷杯上的茶垢，可先用开水冲洗一下，然后用软布蘸精盐少许擦拭，也可用熟石灰调成糊擦除茶垢。

搪瓷制品烧焦后，在器皿中加入水淹没焦迹，并加入适量的食用碱，烧热稍浸，然后刷洗，就可将附在器皿上的焦迹除掉。

搪瓷茶杯日久沉积茶垢不易洗去，只要用细纱布蘸牙膏少许擦拭，茶垢就会很快除去。也可用鲜南瓜叶轻轻一擦，就能光洁如新。

搪瓷浴缸去污可用干净布或毛刷蘸点洗衣粉轻轻擦拭，再用清水冲洗，勿用沙土或炉灰之类打磨。

卫生间的搪瓷用品，可将 84 消毒液与水配制成 1∶100 的稀释液擦拭，既消毒又去污垢。如遇厕坑返味，可在地面喷洒数滴原液，几分钟后臭气祛除。

用海绵蘸上洗衣粉或洗涤剂擦拭浴盆，极易除去污垢。搪瓷浴盆有了陈旧的污迹，可用一点稀盐酸溶液擦抹，使溶液与污垢充分接触反应，然后倒掉或冲掉溶液，反复用清水冲净，便可光洁如新。

清洁瓷器法

用米醋擦洗瓷器的污垢，即可使其清洁光亮。

要把瓷器上的旧印花去掉，可在上面涂几层白醋，等醋吸进去后再轻轻刷一下就清除干净了。

瓷器上留有咖啡污迹或茶迹，可用苏打加水调制成浆糊涂于脏污处，约 1 小时后用温水及肥皂先后擦洗，一般即可去除。如果污迹太重，一次洗不掉，可重复处理多次，直到彻底清除，恢复原来光泽为止。

瓷器上沾有漆斑时，可用药棉一块，蘸指甲油清除剂擦之，十分灵验。

为了使菜碟等瓷器锃亮，可用棉花蘸点酒精擦拭，然后再让酒精挥发掉，瓷器就会熠熠生辉。

壶、杯或盅等瓷器如积有茶垢、油迹或水迹等，可取榨干汁的柠檬皮，用一小碗温开水浸泡，然后一起倒入要洗的器皿中，放置四五个小时，即可将污迹除去。

家用瓷器脏了，用氨水可洗干净。即使积了厚厚一层茶垢的瓷茶壶，用氨水洗过也能光洁如新。

用海绵蘸上洗衣粉或洗涤剂擦拭瓷质洗浴用品，极易除去污垢。

清洁陶器法

陶器用去污粉洗擦效果较好。将蛋壳研成碎末，可以用它代替去污粉用来清洁陶瓷器皿，效果比肥皂还要好。

陶瓷器皿上的积垢，可用比例为 1∶1 的醋和食盐的混合液刷洗，效果特别好。

橘皮中含碱性，用橘皮蘸食盐擦拭陶瓷器皿可去除油污和茶垢，使其洁净光亮。还可用来清除梳妆品以及皮革制品上的污垢。

陶瓷器皿用久后会产生污迹，可用适量的苏打放一点水用布洗擦干净。

擦皮革制品法

用醋 3 份和香油 1 份调和，可擦去皮革家具上的油污。

用喝剩的牛奶擦皮鞋、皮包或皮夹等皮革制品，既可防止皮质干裂，又能使其柔软美观。

将变质的牛奶作为亮光剂用来保养皮鞋，涂抹在鞋面上，待干了以后，再用干布把皮鞋擦亮。

脏污的皮革手套，可用100克鲜牛奶加少许碳酸钠混合成溶液，用绒布依次蘸溶液轻缓地涂擦手套各部分，最后用干绒布擦净，脏污即除。

皮革制品沾上的灰尘不易处理时，涂上柠檬汁擦拭，再擦以皮衣油即可。

消除皮箱划痕法

对箱盖、箱底或四角皮面的划痕，可用一块黄蜡轻轻涂抹，使黄蜡盖住痕迹，然后用一光滑的竹片来回推磨数次，直到皮面重新产生光亮和平滑感为止，最后，拿一块稍湿的软布擦一下，皮面即可消除划痕，恢复原状。

清洁皮箱法

皮箱如果出现霉点，可以用润滑黄油薄薄的均匀地涂在霉点上，稍后再用干净毛巾或软布擦拭就能除去霉点。

如果发现皮箱上的金属部位有小锈点，可用软布蘸少量机油反复擦拭（切忌用硬金属磨刮）。除去锈迹后，再用干净布擦净油迹，并涂上凡士林作保护层。

清洁箱包法

真皮皮包，若仅是由于手摸而弄脏，可用棉花蘸煤油抹一次，再用白鞋膏打磨便可。如污迹是由于报纸摩擦或手汗加尘垢之类造成的，便需用棉花蘸四氯化碳迅速地抹擦，如皮色受影响则不适用这种方法。

浅咖啡色不涂蜡质表层的皮包，确易被汗水内渗而呈暗黑，出现油污尤其易使皮质吸收。可用氨水加清水20倍，用棉花蘸取后抹在污点处，待其挥发。若无反应，可改用煤油照抹，试试效果如何。

麂皮皮包若被雨淋湿，且又染有其他颜色，就是交给洗衣店处理恐怕也不愿接受。因为皮包不同于衣物，不能按正规方法洗涤。可以自行用尼龙牙刷匀力干刷，把尘迹刷去，若稍见效，可以继续刷。也可到化工商店买四氯化碳进行抹拭。

浅色光面皮手袋不慎滴了蜡而呈现深咖啡色，可先用棉花蘸取酒精或煤油反复抹拭。这两种材料都能把蜡烛痕迹溶解，且不损害皮色。待蜡迹去除后，干燥一会儿，再薄涂一层无色鞋油便能恢复明净了。

用软布蘸点鸡蛋清液体用力擦拭，可去除皮包污迹，恢复其原有的光泽。

衣箱上的污迹，可用软布蘸点牙膏刷洗，再用干净的湿布揩净。

皮革箱包平时可用软布或软刷抹除污物，然后涂一遍鸡油或凡士林油膏，稍待片刻再用软布将浮油擦去。

皮革箱包上的油迹可用酒精、氨水和水配成比例为 1∶1∶15 的混合剂，用一块白抹布蘸此液将油迹拭去。去除后可抹一层凡士林，再经打光即可。

皮箱如果发霉，可先用凡士林薄薄地在霉点处涂匀，15 分钟后再用干净的毛巾轻轻地、反复地擦，霉点就能被除掉。

擦自行车法

自行车有了灰尘或泥污，可先用干净的细绒布擦干净。然后取蓖麻子数粒，去外壳，用细绒布包好砸碎，用来擦拭自行车，可使漆面光亮如新，擦拭轮圈、辐条等，也可使之光洁锃亮，并有防锈作用。

自行车沾水后，可先将水珠擦掉，然后用净水将车擦净，再用干布擦干，待几个小时后，那些微小的水珠挥发完了再擦油、上蜡。

自行车或钢折椅等器具的镀铬部分出现锈迹，用粗糙的橡皮擦拭就能消除。

用柴油清洗自行车的链条及零件等，去污效果极好。

自行车使用久了，其零件的电镀部位常会产生有碍美观且难以揩净的黄斑。可取一块软布，蘸上洗洁精少许，对着镀层泛黄的部位用力擦拭，黄斑即能去除。

清洁缝纫机法

缝纫机使用后，应及时清除梭床轨道和送布牙上积存的线头、线毛和灰尘。除尘后，在机件互相摩擦之处滴入 1～2 滴机油。给缝纫机上过油后，一定要在卷成2～3 层的吸水纸上缝几针，这样吸水纸就可以将多余的油吸去。

清洁雨伞法

用小软刷蘸酒精刷洗伞面，然后再用清水刷洗一遍，这样就能将伞面刷洗干净了。

将伞张开晾干，把伞上的泥污用干刷刷掉，再用软刷蘸温洗衣粉溶液洗刷，最后用清水冲洗。如洗刷不净，还可用1∶1的醋水溶液洗刷。

雨伞溅上泥，晾干后用软刷刷去污泥。布伞和绸布伞宜用酒精溶液或稀洗衣粉溶液洗刷，然后用清水洗净、晾干。

绸布伞不能撑开洗刷，否则干后容易破裂；布伞忌用汽油或煤油洗刷；深颜色布伞可用浓茶水洗刷，花布伞可用氨水洗刷，有污迹时，可用醋和水各50%的溶液清洗。

清洁凉席法

植物梗编织成的凉席，很容易存有灰尘和油污。清洁时应将肥皂或少量的碱溶于温水中，用软刷或软布蘸着刷洗或擦洗，然后置于室外晾干。

定期使用吸尘器清洁凉席，吸取时宜放轻动作避免伤到凉席。

用抹布蘸稀释的醋，尽量将抹布拧干，擦拭凉席，可以使凉席光亮，避免泛黄。

凉席被烟蒂熏黄，可以用棉花棒蘸双氧水擦拭。

打翻粉末状的物品于草凉席上时，可以撒些粗盐，再用力拍打凉席，让污垢与粗盐混合在一起，再用吸尘器吸取。

凉席上有了油污，应尽快将其放到水中，使油迹浮到水面慢慢擦拭即可清除。若放久了不易洗去，可用米饭粒捣烂涂在纸上，贴于凉席污处，隔天揭开，油迹自然脱落。

夏天用滴入少许花露水的残茶水洗凉席或躺椅，既可消除汗味，也能使凉席保持清爽洁净。

清洁毛巾法

洗脸毛巾用久了常会湿湿黏黏且有种怪味，若用肥皂越洗越黏时，可用食盐搓洗，再用清水冲净，能将毛巾洗得很干净且没有异味，还能延长毛巾的使用寿命。

夏天人体出汗多，用过的毛巾汗臭味大，污垢多，时间长了容易发黄。可将毛巾抹些肥皂，放入搪瓷杯内稍加挤压，然后用沸水浸泡，盖上杯盖，30分钟后用清水搓洗干净，晒干，既无臭味，又能使其洁净如新。

毛巾用过一段时间会变硬，颜色变暗，吸水能力减弱。若把毛巾放入洗衣粉或碱溶液中煮沸半小时，然后取出用清水洗净，就可使毛巾重新变得柔软和鲜艳，恢复其应有的吸水能力。

洗风雨衣法

将风雨衣放在冷水中浸泡15分钟，再放入温水中轻轻揉搓，然后放入用温水冲的洗衣粉溶液中用手揉搓，但不能用手拧，严防风雨衣皱折影响防水性。洗净后，用清水沥涮2次即可。

洗胶布雨衣法

应用软刷蘸清水刷洗，不可用硬刷、搓板或洗衣机洗刷揉搓。洗衣粉和肥皂属于碱性洗涤剂，会使橡胶变质、发脆和龟裂，因此最好不要用洗衣粉和肥皂洗。若雨衣上沾染油污，可蘸取少量高级洗衣粉刷洗，也可用香皂擦洗，千万不可用汽油等对橡胶有害的溶剂刷洗。洗净后挂在阴凉通风处吹干，切不可在日光下暴晒。

溅在雨衣上的泥可用海绵蘸醋擦洗。雨衣上的尘土不能用刷子刷，要用干软布擦去。

清洁塑料雨衣法

将塑料雨衣平摊在桌上，用软布或软毛刷蘸一点洗衣粉轻轻刷洗，然后用清水冲洗2～3次，悬挂在阴凉通风处晾干。

清洁钢质梳子法

新钢针梳子在使用之前，先取一块面积略大于梳面的纱布，从钢针上揿下去，贴到橡皮面为止。如要清理钢针梳子，只要将纱布取下即可。

清洁木质梳子法

梳子用久了，污垢很难清除。可在洗头的时候，抹上一道洗发精，头上满是泡沫时，用梳子像平日梳头般不断梳动，这样，很快就可以把梳子上的污垢洗掉。

用热水及肥皂洗刷都不能使梳子清洁时，可用石灰水浸之，再在太阳下晒一下，然后用肥皂水清洗，则梳子上的油垢就被清除了。

把脏腻的梳子放在加有氨水的热水中泡一下就能将污垢除净。

洗衣机洗少量毛巾或衣物时，可同时把梳子或发刷放进洗衣桶内洗，梳子片刻就干净了。

沾有发垢或头屑的梳子，如用洗发香波清洗会十分干净。

圆梳齿间夹缠许多头发，底部堆积灰尘时，可以用1把扁梳由下而上多次梳理，直至尘垢和缠上的头发清除干净，然后再将圆梳用肥皂水泡洗和清水过净。

清洁篦梳法

油腻的篦梳，用热水及肥皂洗擦都不能使其清洁时，可用石灰水浸泡，先经日光晒一下，再用肥皂水清洗，油垢就被清除干净。

清洁假牙法

假牙的牙缝和牙托上积了黑色污锈，可在温水中加一点漂白粉，每晚睡前将假牙泡入，几次后就能光洁如新。

假牙上的烟茶斑迹，可用“牙托净”洗刷。如果没有“牙托净”，也可用软牙刷蘸少许牙膏顺着牙缝轻轻刷洗。

利用淘米水浸泡假牙，简便、有效、易行。淘米时，可多搓淘几次，以增加淘米水的浓度。然后将淘米水倒入宽口杯内，水的多少以能浸没假牙为原则，盖好杯盖备用。临睡前，将假牙取下放入淘米水中浸泡。次日起床后将假牙从淘米水中取出，用软毛刷洗刷干净，即可戴入口内。淘米水中含有多种生物酶，具有去污功能。假牙经多次浸泡后，能逐渐去除烟迹、茶迹，避免菌斑形成，而且淘米水对假牙没有腐蚀作用。

洗假发法

将洗发香波滴在冷水中调开，然后把假发放进去轻揉(切不可搓洗)，假发上的灰尘便会很容易地洗下来，再用清水漂洗干净，放到网兜里，吊挂在通风阴凉处晾干，干后再随意梳理发型，便可以戴用了。

清洁暖炉法

暖炉的反射板蒙上了灰尘变得灰暗时，用煤油或石油精擦拭就能光亮无比。

暖炉的反射板上的污垢，可用较粗的布蘸少量锅炉专用的去污粉擦拭，然后再涂上金属亮光剂，这样不但可使其恢复光亮，而且也能使其热反射良好，提高暖炉的使用效果。

清洁手电筒法

手电筒的反光镜日久发黑了，用细纱布涂少许牙膏擦抹3～5分钟，用绸布轻擦即光亮如新，不留痕迹。

旧电池烂在电筒内，污迹难除，可用棉球蘸白酒反复擦拭，污垢即较容易除净。

清洁钥匙法

钥匙如生锈就不能灵活地在锁头里转动，如果把生锈的钥匙放在松节油里泡一会儿，然后用布擦干净就好用了。

清洁烟嘴法

香烟或旱烟等烟嘴内的油腻污物，可先用 50 ℃左右的甘油刷洗，再用碱水洗除。

清洁烟灰缸法

用一块蘸有酒精的棉花团擦拭烟灰缸，很容易将烟垢擦净。

玻璃制的烟灰缸有时很不好清除烟垢，可用湿布蘸盐擦，然后用清水洗刷。

清洁金鱼缸法

饲养金鱼的缸，时间长了壁上会挂上一层厚厚的绿苔，极不容易擦洗净。可用棕树皮擦拭，既快又干净。

鱼缸不洁易致鱼病，且缸体水锈模糊，影响观赏，可将 84 消毒液与水配制成 1∶200 的稀释液，用此液浸泡刷洗鱼缸，使鱼缸光洁，鱼儿健壮。

清洁门帘钩法

门帘钩在使用前要用油抹布揩擦，既能防止生锈，又能帮助保护门帘子不被撕破。

清洁旧的帘钩，可将其浸在加有一点氨水的水中，然后用清水冲洗并晾干。

清洁浴帘法

浴帘使用一段时间后难免会有滋生菌斑的情况，可用浴室去霉剂擦拭，便能去除难看的菌斑。

清洁漆布法

漆布颜色不鲜艳时，最好的办法是在 500 毫升水中调上 1 个鸡蛋黄，用布蘸上它来擦拭，然后晾干，擦拭后不必洗。

漆布上的污点，若用橡皮擦拭，大部分污点都能被擦掉。

普通污迹可用湿抹布擦去，擦后再用干布打光。

较重的污迹可用棉花球蘸乙醚擦除。

洗涤尿布法

洗尿布时，可以在最后一次冲洗的水中加一些醋，这样可使尿布洁白柔软。醋不仅能中和掉尿布上对婴儿皮肤有刺激性的氨，而且还具有杀菌作用。

清洗油漆刷子法

被油漆或涂料弄脏而又风干了的刷子很不容易洗净。可以把它浸在加有 25 克苏打粉的一杯水中，不要让刷子碰着容器的底部，同时把溶液放在微弱的火上加热到 60～80 ℃，然后将油漆刷子悬泡在溶液中 15 小时左右就可使其软化。此后，再把刷子放在肥皂水里洗，最后用清水洗净且晾干，刷子就可继续使用。

将油漆刷浸在去污粉溶液中 3～4 小时，反复搅动，刷子上的油漆就会被洗去，晾干后刷子就能继续使用。

用过的油漆刷子，放入倒有煤油的塑料袋中，数分钟后即可去除油漆。

粉刷过墙壁的刷子，可放在肥皂水里浸泡一夜，第二天刷子就一干二净了。

刷子刷过墙壁后泡在肥皂水中过夜，次日把刷子甩一下，很快就干净了。

清洁头刷法

要清洁头刷，首先要除去头发和灰尘，然后根据材料先处理背面和把手，再用肥皂水加 1 茶匙氨水的混合液上下洗涤刷毛。用热水清洗，再用加有一点盐的冷水把毛弄挺，然后把水甩干，把刷子挂起来吹干。

清洁衣刷法

衣刷难以洗净，可用些水润湿麦麸，把刷子埋入麸皮中使劲揉搓，然后用水洗净刷子里的麸皮，再晾干刷子，刷子就能干净。

洗涤所用的家用毛刷都可以在热肥皂水中加一点石碱，然后把刷子用冷水洗净，甩干后再将刷子毛面向上在太阳下晒干。

清洁鞋刷法

皮鞋刷用久了，毛刷上会粘上许多鞋油和污垢，使毛刷变硬而不好用。这时，可用1毫升的洗洁精加入清水中，将毛刷在此溶液中浸泡一晚，再取出毛刷在水池中轻轻蹭几下，毛刷上的污垢就会脱落，然后用清水冲洗晾干，毛刷就会既清洁又柔软。

清洁棕毡法

门棕毡使用日久上面会积灰，可翻过来用，积灰就落在地上，可以扫去。再积灰时再翻面，两面反复使用，不易损坏。

可撒上湿茶叶或湿锯末反复揉搓，然后将其抖掉，可将污物一并带走。

清洁海绵垫法

将海绵垫放在洗衣粉溶液中反复挤压洗涤，然后将海绵垫放在水中反复冲洗几次，放在有阳光且通风处晒干，再用时就会感到又轻又软了。

用温水和苏打兑成的溶液洗，就可将有污垢的合成海绵洗得干干净净。

清洗痰盂法

痰盂等器物上的污迹，可用浓度为10%的明矾水浸泡，污迹就容易洗刷掉。

痰盂脏了，可用蛋壳炭灰擦，去污效力和去污粉一样。

尿壶或痰盂发出的氨臭味非常难闻，可点燃数张报纸扔进尿壶或痰盂内，烧净后臭味即除。

痰盂用久了会积垢发出臭味，可用废咸菜卤洗刷垢块除臭味。

使用前在痰盂中放入一小撮洗衣粉，倒入适量清水，这样痰盂内壁就不易形成污迹，清洁时，用水一冲就干干净净且能减少刺激味。

清洁面盆法

面盆上的污垢，用布蘸点牙膏一擦即净。

面盆上的污垢，可用海绵蘸肥皂液擦除，然后用清水涮一下。用残留茶叶擦拭，也可很轻松地除去。

塑料面盆上沾有油腻，可先用吸水纸擦拭，然后用干布擦，再撒上滑石粉擦拭，最后用肥皂水洗，就能干净如新。

用丝瓜络蘸些洗衣粉轻轻擦拭脏污的面盆，然后用水清洗便干净如初。

将废旧的尼龙丝袜袜筒浸水后装入肥皂头，放在无孔的皂盒内，泡上一点水，使小袋经常保持湿软，置于适当位置。搪瓷盆有油污时，用小袋在内壁上摁着转几转，然后用清水冲净，效果很好。

用羽毛或碎头发蘸肥皂水擦洗。

厨房用品除污保洁篇

清洁电饭锅法

电饭锅的锅底有了焦巴，可在锅内加一点清水，水刚浸过焦面少许，然后插上电源煮几分钟，水沸后待焦巴发泡，切断电源后便很容易洗刷干净。

电饭锅用久后表面会变黄，如挤少许牙膏擦拭，可恢复光亮。

电饭锅烧焦后，在锅里放些草木灰，用水煮一煮，就可以将焦垢洗干净了。

清洁电炒锅法

电炒锅内有污迹时，不能用金属锅铲处理，以免损伤含氟树脂层，可用木质工具铲刮或用干布擦净。

清洁微波炉法

微波炉内有食物屑片或溢出汁液时应用湿布擦净，底盘应每月擦拭一次。若微波炉内有空气过滤器，一年中可用温水清洗数次，待干燥后再装入，炉内壁可用温水擦拭。

将一个装有热水的容器放入微波炉内，使微波炉内充满蒸汽。两三分钟后，顽垢被水蒸气泡软，容易除去，再用中性清洁剂稀释水擦洗，最后用清水洗过的抹布和干布分别擦净和擦干即可。如果污垢仍不能除去，可利用塑胶木片之类的东西刮除。千万不能用金属片刮，否则会损伤内部。

除微波炉异味法

微波炉若有异味，可用小碗装水浸 2 片柠檬，放入微波炉内用强档煮沸数分钟，然后取出，再用干抹布擦拭炉膛四壁和上下，即能除去异味。

用半杯清水加上半杯食醋烧开，使其降温至不冷不热时再用湿布擦拭。

清洁烤箱烤炉法

清除烤箱油污时，可戴上胶皮手套，用旧牙刷蘸清洁剂刷洗后，略等片刻，再用抹布擦拭，或将氨水放在一只盘子上，放进烤箱里一个晚上，第二天再用抹布擦拭即可。

烤炉的清理颇费时间，清理时和烤箱一样。喷上烤箱清洗剂之后再以布擦，最后再以中性清洗剂清洗，即可完全清理干净。若仍无法清洗干净，利用渗含醋的布将未干净处再擦一次。

立即把焦迹刮掉，然后把鲜奶加进去，用芝士粉撒在上面再烤，待烤成黄色即自行脱落。

清理烤面包机时，可打开烤面包机的背面，将面包屑倒出，是一般清理烤面包机的方法。但是，仍有一些面包屑卡在里面，需用软毛刷子把面包屑扫掉。金属部分须用布蘸清洗剂擦，需注意插座和电线的检查。

烤网上的焦垢，用白菜揉成一团，可轻松擦除，效果明显。

除烤箱烤炉中异味法

将少许橘皮放入烤箱内加热，不仅可除异味，还能使烤箱内有芳香的味道。

趁烤盘还热时放入一撮茶叶至冒烟，再用水洗净即可消除电烤箱内的异味。

欲消除烤炉中的鱼腥味，可趁烤炉的余热，把装有少许氨水的小盘放在烤炉中一晚上，即可除去。

清洁消毒柜法

清洁消毒柜时要拔下电源插头，用温湿布擦柜内和外表面，用中性洗涤剂拭抹，再用清洁干净的布抹净。忌用热开水、汽油、酒精、洗衣粉或碱性洗涤剂清洗。严禁用水直接喷浇冲洗柜体，以防止电气绝缘性能降低，造成危险。

清洁电动磨咖啡机法

使用电动磨咖啡机，每磨一次咖啡，就会有残余的粉末沾在容器内，要清除这些咖啡渣也很麻烦，若放点糖在容器内与咖啡一起磨，就会发现咖啡粉不会再沾到容器上了。

清洁搅拌机法

电动搅拌机在使用后，可在其容器内先放一半温水，然后再掷入肥皂片或清洁剂，让其开动数秒钟，冲洗拭干。

清洁抽油烟机法

清洗前，在煤气炉上加热一盆开水，打开抽油烟机，使两个轮同时旋转约15分钟，使抽油烟机内部油污变软。

用久了沾满黏油污的厨房抽油烟机，只要蘸上煤油擦洗，不论多脏多黏的油污都能擦洗干净。

抽油烟机的过滤网必须勤加清洗，否则淤积过多的油污，将使抽油烟机的效率降低。若是塑料制的过滤网，使用去油污专用的清洁剂可擦除干净；若是金属制的过滤网，使用碱性去污剂来清除。粉末状的去污粉应避免使用，因为这会使过滤网表面受损。

清洗抽油烟机的叶轮时，可将两叶轮放在家用铸铁锅（或搪瓷盆）中，加上不经稀释的洁净灵100毫升、碱面100克和适量的开水（超过叶轮高度），在炉子上煮1～1.5小时，叶轮上的油污会自行脱落。然后用清水将叶轮冲净，去掉碱性。晾干后，将叶轮上的轴孔涂些机油备用。

清除抽油烟机环道上及箱体里的油污时，用石膏粉或细石灰粉撒在油污上，渗透片刻，将石膏粉与油污混在一起，这时油污容易铲掉。

将刷洗好的扇叶（新的效果更好）晾干后，涂上一层办公用胶水，使用数月后将风扇扇叶上的油污成片取下来，既方便又干净，若再涂上一层胶水又可以用数月。

抽油烟机使用后应将油盒清理干净，可将包甜橙用的塑料袋放入油盒内，贴紧盒壁。待盒中油满后取下盛满油的袋子，再换上新袋。这样既可解决油盒不净的烦恼，又充分利用了废塑料袋，节省了时间。

抽油烟机上的油污很多，可将叶轮拆下，浸泡在3～5滴洗洁精和50毫升食醋混合的温水中10～20分钟后再用洁净抹布擦洗，外壳及其他部件也可用此溶液清洗，对机体无损蚀，表面仍保持原有光泽。

在抹布上蘸些面粉，轻轻地擦拭厨房抽油烟机风扇叶上的油污。洁白的面粉吸收了油污马上变成橘黄色，多擦几次，油污就被面粉吸收掉，可使抽油烟机光洁如新，其效果并不比清洁剂差。

将压力锅内冷水烧沸，取下限压阀，将蒸汽水柱不断冲入打开的抽油烟机扇叶等部件，使污物流入油杯，清洗后表面仍保持原有光泽。

在抽油烟机表面涂抹一层肥皂液，需要清除污垢时，只需用温水擦洗，污垢便会随肥皂液一起擦除。

使铝锅光亮如新法

取洗洁精 2 汤匙，用半杯热水稀释，再用布蘸湿铝锅，然后用旧的水砂纸边蘸液边轻擦，铝锅就光亮如新了。

铝锅表面有了油污，可用去污粉加肥皂擦洗。擦洗前先把铝锅淋湿，然后把去污粉调成糊状，加些用剩的肥皂头，用软布蘸着糊擦洗。也可用少许食醋或乌贼骨研成粉末轻轻擦洗。这样不仅省力，而且宿垢尽除，光洁如新。

饭煮熟后，趁铝锅表面很热的时候，用旧报纸或湿布擦铝锅的表面。经常采用此法，可保持铝锅的清洁光亮。

将铝锅放在热水中，用家禽的羽毛擦洗即能光亮。

铝锅上的污垢较多，可用番茄皮、苹果皮或柠檬皮放在锅中加水煮，这样里面的果酸可使铝器恢复光泽。

铝锅表面的污垢可用纱布蘸精盐擦拭，不仅可去除污垢，而且还会光洁如新。

清洁铝锅法

用温水泡上适量的石碱，然后用蛋壳蘸上碱水擦拭，这样擦出来的铝锅表面光亮且细洁。擦时最好用一块布盖在蛋壳上，以防蛋壳摩擦时划破手指。

先把铝锅在加有洗衣粉的沸水中浸泡 10 分钟左右，即可用小铜丝刷子沿锅的外表刷洗，这时油迹污垢会很快地随着刷子的移动而消失。

剩饭粘在锅底上难以洗除，可在锅里加点碳酸氢盐、漂白剂和开水洗刷，效果较好。

用水砂纸裁成小块，蘸水轻轻擦洗铝锅或壶等器皿外面的油污，既快又省力，效果很好。

铝锅用久了会浮积一层厚厚的油腻，只要用墨鱼骨在上面摩擦，即可将油腻除去。

除铝锅上黑斑法

将新买来的铝锅放在淘米水中煮沸，过一段时间即会在铝锅上形成一层银色的薄膜，这样就可以防止铝锅日后变黑。

新的铝锅使用一段时间后，其外沿会被煤油熏黑，影响美观。用谷壳和洗衣粉各适量，加水少许，混匀后（抓起后水不下滴为宜）擦洗，然后用水冲洗，则铝锅洁净且光亮，而且无损伤。

铝锅用久了，表面弄得又脏又黑，可把草木灰捏成团，用布裹住擦拭，就可把铝锅擦亮。

除铝锅焦糊迹法

如果铝锅煮饭留下了焦糊迹，可用水淋灭的木炭来擦洗，不管烧焦的部位有多大、多厚，都能擦净。

把小苏打均匀地撒在烧焦的铝锅底上，随后用水润一下，数小时后就可很容易地擦去锅底上的焦痕。

铝锅内的饭烧焦了，用冷盐水浸一个晚上，就能比较容易地清除干净。

在做饭烧焦了的锅底上趁热浇些冷水，有助于将焦糊的食物渣刷掉。

除铝锅盖上油污法

铝锅盖上有了油污，可在锅盖上加些米汤，锅下加温，锅盖受热后，锅盖上的米汤就会变成一张薄皮翘起来，把薄皮揭下来，锅盖上的油污也就随之干净了。

取洗洁精1汤匙、洗衣粉2汤匙和半铝锅水，放在炉上煮3～5分钟后，手上戴一只纱手套，再取一团铁丝轻轻擦铝锅盖，漆黑的锅盖就雪亮了。再用其液擦洗铝锅，也能起到同样的效果。

防止水壶结垢法

使用水壶时，可剪一小块丝瓜络放入壶内吸收水垢。当丝瓜络沾满沉淀物时将其取出并冲洗干净，重复使用。若把一枚弹子或数粒小石块放在水壶中，也可以防止水垢沉淀粘于壶底。在水壶中放置1个洗净的蚌壳，会将水垢结集在蚌壳上，水壶壁再无水垢积集之患。

取一块废旧的永久磁铁，用干净的布包裹好，并用线缝好口，烧水时放入壶中，在使用水壶时，由于水壶中的水受到加热且挪动等影响，磁铁附近的水不断地被更换，最后受到不同程度的磁化，成为磁化水了。磁化水有使水垢酥松的效果，使用几天后，壶壁原有的硬垢就会变得相当松软，轻轻一碰就会脱落下来，而且在以后使用中也不会再结垢了。

在铝壶内装上半壶山芋或土豆，加满水，将山芋煮熟。如此1～2次，不但能去除水垢，而且还能起到防止积水垢的作用。水壶煮过山芋后，内壁不能擦洗，否则会失去防水垢的作用。

在水壶里放一只干净的口罩，烧水时，水垢会被口罩吸附。

除水壶中水垢法

长时间使用水壶，在壶底往往积下了一层很硬的水垢，既妨碍传热，又不卫生。要除去水垢，可在壶底放一点水，再放半小碗醋置于火上烧开，水垢就会起层掉下来。

烧开水的水壶，用的时间一长都有一层厚厚的水垢，坚硬难除，只要用它煮2次鸡蛋壳即可全部自除。

往铝壶内注入适量的温盐水或碱水，浸泡10～15分钟，然后进行刷洗，水垢就可以除掉。

根据热胀冷缩的原理，将有水垢的铝壶放在炉火上加热，烧至铝壶内水垢即将干裂时立即浸入冷水中，水垢就会崩裂脱落。但水垢太薄或换过底的铝壶不宜采用这种方法。

将铝壶洗刷1～2遍，将浮垢清除后再灌入占容量2/3的40～50 ℃的温水，然后倒入250毫升家用铝壶除垢剂，放置1小时，并不时地进行搅拌，待没有“嘶嘶”声后再将废液倒掉。一般浸一次就能将积垢清除。如果积垢太厚，一次未除净，还可按上述方法再清除一次。

冷水壶内底积聚了污垢，可将椰菜叶切成细条放进壶内清洗，就能使水壶变得干净，并且不会伤害内壁。

将刚削下的土豆皮放入水壶里煮1个小时，水壶里的水垢就会被清除干净。

清洗水壶法

用壶烧水时，可以趁热用比较粗糙的纸张，如草纸等，在壶表面干擦，一般只要擦一次就干净了，特别脏的可以连续擦几次，既不费事，又不损坏水壶。

水壶用久了会浮积一层厚厚的油腻，只要用墨鱼骨在上面摩擦，即可将油腻除去。

除水壶怪味法

携带用的水壶，放一段时间不用，往往有一种怪味。把水壶和盖子都泡在有漂白剂的水里浸一夜，第二天用清水彻底清洗，并将其晾干，怪味即会消失。

在水壶内放一块方糖，就可防止水壶出现霉味。

清洗新铁锅法

把新铁锅放在火炉上烧热后倒入适量的醋再烧一会儿，然后用硬刷子在锅里反复擦洗几遍，将脏醋倒掉，再把新锅冲洗干净。

在新铁锅内放几匙盐，置火上把盐炒黄，再用它擦锅，去掉盐再用干净的纸把锅擦干净。然后往锅内放些水和1匙油，再放在火上将水煮开，开水就会把油均匀地涂在锅表面上，锅就好用了。

在新铁锅里放一些洗衣粉，加少量水，待溶化后用丝瓜络洗刷。等锅里的水变黑了再换新洗衣粉溶液。这样洗刷2～3遍，再用清水冲洗干净锅就可用了。

将新买的铁锅用水洗干净，放一把茶叶渣，再放浅浅的一层水，烧开后把茶叶渣继续闷在锅内2小时以上，最好闷一夜，第二天再把茶叶渣倒掉洗净，直接做菜就不会有铁锈味了，几天以后，新铁锅会黑而发亮。

除新铁锅异味法

新铁锅在第一次煮东西时会把食物染成黑色，还有一股难闻的气味，为解决这些问题，可用豆腐渣在锅中擦几遍，则会生效。

用新铁锅炒菜往往有股异味，不过，使用之前在锅里放少许喝剩下的牛奶和土豆，煮一下就可去除异味。

用新铁锅煮食时常会产生一种铁味，令人不快。可将红薯皮放在锅内煮一会儿，然后倒出，将锅洗净，新铁锅的铁味就可以去掉。

除铁锅锈迹法

新买回来的铁锅，里壁上有一层黑灰和锈斑，可在热锅里放一些醋，置火上烧至发出“吱吱”的响声时，用丝瓜络蘸醋擦洗，再用清水冲净就能使用。

新铁锅上锈迹斑斑，可在锅内加满水，然后放在炉火上煮10分钟，再端下锅，待水凉后刷洗即可除锈。

铁锅洗净后若不将水分擦拭干净就很容易生锈。铁锅不用时，洗净后要将水分擦干，再涂上一层动物油（如猪油等），即可防止生锈。

用食用油在锅中涂擦一遍，再把锅放在火上烧热，然后用布或棉花擦，铁锈就会被除掉。

将铁锅用清水刷洗，放入韭菜 250 克和少量水加热，再用韭菜擦几遍，能除去铁锈。

除锅焦迹法

煮东西时如不慎将锅烧焦，可将烧焦的部位浸泡在醋液中，1 小时后再清洗就能除去焦迹。

锅被烧焦了，可放些食盐在锅底泡一泡就变得好洗了。

做饭不注意就容易将饭烧焦，使锅不好洗。如在烧焦的锅里放些草木灰，用水煮一煮，就可洗得很干净。

因饭烧焦或剩饭粘在锅底上难洗时，可加些苏打粉、漂白剂和开水浸泡一下即可很容易刷净。

熬糖汁的锅很难清洗，如往锅内加点肥皂水，边煮边刷，即能轻松地刷洗干净。

除炖锅黑焦迹法

炖锅用了几次后，锅底就会有黑焦迹出现，所以每过一段时间就必须好好洗刷一次。清洗时，蘸点醋和洗洁剂一起用力刷，就可以将锅底刷得很干净。

除奶锅底部焦垢法

奶锅底部常存有焦垢，刷洗比较困难，可切几片洋葱放在奶锅中煮一下，就比较容易去除其焦垢。这是因为煮洋葱时所析出的黄色汁液具有去除焦垢的作用。

除蒸锅水垢法

蒸锅有了水垢，可用蒸锅蒸一次白薯，在白薯熟了之后，将锅里的余水放置 8～10 小时，水垢就会溶解干净。

去平锅油腻法

平锅上的油腻可用废旧的报纸擦去，然后用清水刷洗。

清洗不粘锅法

清洗不粘锅时，不必用力刷洗，只要用布一抹即可清洁。但是用久了，油脂会慢慢累积，在锅上形成一层油垢，这时只要在不粘锅中注满水煮沸，即可除去油垢。

清洗玻璃锅法

玻璃锅烧焦时，可用清洁剂泡一下，污垢就会浮起并脱落。或者将去污剂倒在布上，耐心地用其擦拭。污垢脱落后，锅会变成茶色，可使用漂白剂，使玻璃锅恢复光亮。

清洗彩色搪瓷锅法

彩色搪瓷锅烧焦后留下难看的痕迹，可抹少许苏打粉，用海绵蘸水用力擦拭，或者在锅里盛上水，放到炉子上烧，然后用饭匙轻轻刮掉。

清洗砂锅法

砂锅结了污垢，可用淘米水浸泡烘热刷一下，再用清水冲洗。

用久的砂锅，里面常常发黑。取适量梨皮或苹果皮放到砂锅里煮，可使砂锅恢复原貌。

除铜火锅锈法

火锅的铜锈是有毒物质，它能溶于食物，进入人体会引起中毒。故在使用火锅前应仔细检查，如发现绿色铜锈，可用布蘸加盐的食醋擦拭，把铜锈彻底刷洗干净后再使用。

清洗炒菜锅法

炒菜铁锅使用久了，锅上积聚了烧焦的油垢，可用新鲜的梨皮放在锅里用水煮一会儿，锅垢即很易脱落。

炒菜锅烧焦时，可把空锅置于火上，用废旧的饭匙刮，除去焦痕，再用铜丝刷子刷洗，然后用锅炸东西，使油层附着锅表面而保护锅。

铜锅上积聚了油垢，可用柠檬汁拌少许精盐的混合液擦拭干净。

除锅异味法

有鱼腥味的铁锅或其他器皿，用清水洗净擦干，再用10～15毫升白酒涂擦一遍，待晾干后，即可除去锅内的鱼腥味。

新购的平底锅有一股异味，把盐放入锅中炒一会儿，异味就会除尽。

煎过鱼的锅，很长时间还有腥味，用剩茶水擦洗，再用清水冲净，腥味即可消除。

炒过菜的锅，烧开水会有油迹味，如果烧开水时在锅里放一双没有油漆过的竹筷，即可除掉油迹味。

烧过牛、羊奶的锅，应先用冷水浸泡，然后再洗，就很容易洗干净。

炒菜锅有了异味，可在锅内加入一把茶叶渣和适量的清水，煮沸5分钟，稍加刷洗，异味即可去除。

清洁炊具法

炊具沾上油垢后，用新鲜的湿茶渣在炊具上擦几遍即可将油垢洗去。如无新鲜的湿茶渣，用干茶渣加开水浸泡后亦可擦去油垢。

已经生了锈的炊具，可将其放入淘米水中泡3～5小时，取出擦干，就能将上面的锈迹除去。

炊具和盆上的油污，可用草木灰或锯末屑擦一擦，然后用温热的淘米水洗，再用清水冲净。

炊具上的污迹用碱都很难除掉，如果用墨鱼骨在炊具上用力摩擦，就可收到满意的效果。

炊具消毒后常常有一股异味，如果将炊具用醋水清洗一遍，就能去除异味。

铜制炊具用久了，如果不经常用上法擦拭就会变得黯淡无光，可在铜具表面涂些蜂蜜，然后用干布擦拭即可恢复光泽。

清洁不锈钢炊具法

由硬水造成的不锈钢制品的白斑和铝制品的脏污，均可用醋擦净。

将土豆皮撒在不锈钢碗盆内，再倒入清洁剂擦拭，很容易清洗干净。

餐具上的鸡蛋痕迹，可用煮熟的土豆擦拭。

用软布蘸苏打水溶液在不锈钢炊具上擦拭一遍，再用一块干净的布擦一下，即能使其重现光泽。

清洁厨具法

清洗油污厨具时，将它们在小苏打稀溶液中浸泡30分钟后再洗，效果甚佳。

厨具或其他物件上沾上了油污，可用葱头的须根擦，既省事又干净。

将少量的米糠用水淋湿，涂到沾有油垢的厨具上用力揉搓，再用清水洗净，即可将油垢除掉。

油污的厨具用温茶渣擦拭几遍即可将油污除去。如无新鲜的温茶渣，可将干茶渣用开水浸泡后，用以擦拭厨具。

把2～3匙洗衣粉用半面盆65℃温水（不要超过70℃）冲开，用该洗衣粉溶剂擦洗烟垢，如温度降低，应加热后再用。

金属罐子中有异味，可往罐里洒几滴酒精，用火柴点着后盖好盖，然后洗干净。

金属器皿有锈垢时，可用食盐擦洗，就能光亮如新。

金属器具生了锈，可用土豆皮擦拭，锈污很快消除，又能擦得光亮如新。

用蚊香灰擦拭各种金属制品，可将它们擦得光洁平滑而明亮。

金属容器上的锈斑，可用柠檬汁加盐擦干净。

器具被煤油污染后，可先用黄酒擦洗，再用清水冲净。

用加有醋的热水清洗食盐罐，就能洗得很干净。

厨房用的塑料篮或筐，网眼里积存了一些污秽和油垢，不易冲洗干净。可取旧牙刷蘸一点醋、肥皂水轻轻刷洗网眼，用水冲后便会光洁如新。

在白酒中加些食盐，可很顺利地除去器物上的油污迹。

清洗容器上的油污，可先用废报纸将容器上的油污初擦一下，再用碱水刷洗，最后用清水冲净。

厨房用具上的烟熏积尘，可用盐水擦洗干净。

树脂加工制成的碗或盆相当轻便，但会散发出一股难闻的臭味。可以用少许白酒温热后，用布蘸取擦拭这些器皿，等干了之后再用清水洗净，就不会残留恼人的臭味了。

用橘子皮浸泡或煎煮后滤出的橘皮水，有去油腻及灭菌防腐作用，可用来洗涤油腻器皿和喷洒墙角或阴沟等处，达到清洁灭菌目的。

烤网上的焦垢，用白菜揉成一团，可轻松擦除，效果明显。

开罐器使用后容易生锈，可用牙膏擦拭。若抹布无法擦到的地方，可用废旧的牙刷刷，就很容易擦掉。

将番茄酱挤在抹布上，然后在厨具表面来回摩擦，接着用热水漂洗，擦干，厨具就会变得干净明亮。

清洁餐具法 碗碟沾上油污以后很难清除，如果用丝瓜络蘸些洗衣粉轻轻擦拭，然后用水清洗，便会干净如初。

筷子上有了油污，可先用热水泡一下，然后用热水冲掉一部分油腻，滴上几滴洗洁精，用丝瓜络擦拭，用清水冲净。

清洗餐具时，把用剩的一些面粉溶解在温水里，再用海绵蘸着面糊清洗，不仅可使餐具清洁光滑，还不必担心洗洁剂残留的物质。

盛过肉类或鱼类食物的餐具，可先用残茶叶擦，然后用热水冲净，可去油腻或鱼腥。

玻璃制品及陶器餐具用久了产生的污秽油垢，可用少许醋和盐混合成液体洗刷。在洗锅、碗等餐具时加少许醋，油脂腻垢容易去掉。对盛过鱼或装过蒜的容器，可用食醋加热水洗净瓷盘、瓷器上的污垢。玻璃餐具上有了污秽油垢，可用少许醋和食盐混合液洗刷。

油腻的餐具可用煮面条或煮饺子剩下的汤洗涤，去油污效果较好。

搪瓷餐具上的油垢，可用刷子蘸少许牙膏擦拭，油垢很容易被除去。

铝盆上的油污，可用一小把鸡毛蘸上少许水擦拭，然后再用肥皂水洗净。

用涤纶碎布块清洗盆或碗等用具上的油污，效果很好。

蒸蛋羹后残留在容器上的蛋迹，黏结得很牢，不易去除。如先在容器中加一点食盐，再放入少量清水用手擦洗，很快就会清除干净。如仍有黏结很牢的地方，再拿一点食盐用手擦即可去除。餐具上的鸡蛋迹可用切开的柠檬擦除。

清洗珐琅餐具，可先用棉花蘸点色拉油仔细擦一遍，1 小时后再用软布把油擦掉，餐具上就会出现非常好看的光泽。

餐具上有了蛋迹，可用切开的柠檬汁擦抹，也可用煮熟的土豆擦拭。

用烧过的蜂窝煤灰掺入一些洗涤剂擦拭有油腻的碗或碟等餐具，效果甚佳。

盛过牛奶、面糊或鸡蛋的餐具，应该先用冷水冲泡，再用热水洗。如果先用热水洗，残留的食物就会黏附在餐具上而难以洗净。

塑料餐具上的污垢，只能用布蘸碱、醋或肥皂水擦洗，不能用去污粉，以免磨去表面的光泽。

为了除去餐具中鱼味或霉味一类的气味，可用芥末粉擦洗，效果颇好。

汤匙或叉子等食具的污垢，无法以中性剂去除，必须用拧干的纱布或呢布等柔软的布蘸取苏打擦拭，如此既不会使食具受损，而且能擦得十分光亮，擦过后再用水冲洗一遍，用干布擦掉水分即可。

用晒干的咖啡渣清洗餐具，除了效果胜过一般的洗涤剂外，更重要的是咖啡渣对人体安全无害，不像洗涤剂洗涤餐具后，如果不冲洗干净会给人体健康带来危害。

将一张白光纸放在容器里烧成灰，然后用少许温水调和纸灰抹在餐具上，油污即可去除。

塑料餐具使用时间长了表面会沾满污垢，不易清除。如用漂白剂溶液清洗，就会洗得非常干净。漂白剂还具有杀菌作用，清洗剩下的漂白剂溶液还可以用来清洗厨具。

餐具上的污物，可先用废报纸擦拭，再用碱水刷洗，最后用清水冲净。

餐具被油污染后可先用黄酒擦洗，再用清水冲净，就能除味去油。

平常用来装蔬菜、水果的尼龙网袋，坚固耐用。可以将五六个尼龙网袋装入 1 个网袋，就能用来当厨房的洗碗布，方便又实用，而且最适合用来对付顽垢。

银制餐具用久后表面氧化变黑，可用稀氨水擦拭一下，就能恢复光亮。

用煮过大葱的水擦洗银餐具，效果很好。

银餐具上有了污垢，可用蘸有酒精的软布擦拭。

将烟灰收集起来擦拭银质餐具，效果极佳。

银餐具使用之后，用铝锅烧开水，加五六匙食盐，将银器放入煮 5 分钟，拿出来用水冲洗，再用软布擦干即可干净光亮。

银餐具生了锈，可以用牙膏擦拭，不仅可以很快擦净，而且可擦得光亮如新。

不锈钢餐具上有了斑迹，可将蜡涂在污处，即能除垢。

象牙筷子使用时间一久，表面会变为黄褐色，用洗涤剂亦不易除净。可取一张 280～300 目的砂纸 1 张，备温水一小盆，放入少量洗洁精，将筷子浸入，然后将水磨砂纸撕成 4 块轮流使用。只需用砂纸蘸水细心地来回摩擦筷子表面，逐根磨洗，黄色的污物便可除去。

碗碟长期使用后往往形成难以洗去的一块块黑斑，很不雅观。可将半汤匙细食盐和半汤匙洗洁精倒入碗内混匀，用软布蘸盐擦拭碗碟，就能将污迹除去。盐和洗洁精的用量，视碗碟的多少增减。

塑料饭盒用久了会有一层黄色油迹难以去除，可将 84 消毒液和清水以 1∶200 的比例兑好，倒入有黄迹的饭盒中浸泡 2 个小时，再用清水反复冲洗干净。此法对塑料制品不会产生腐蚀，而且还能达到消毒的目的。如果遇到被咖喱染色严重的塑料制品，需浸泡一夜后再清洗干净。

清洁咖啡器具法 冲咖啡的过滤网用久了会积聚污垢，可用少许醋与水混合，不断地冲刷多次就能干净。

咖啡壶用久了里面会起一层黑垢，非常难看，如果在壶中装满清水，再加一汤匙苏打粉在火上煮 10 分钟左右，即可除去黑垢。

咖啡杯有了污垢，可用棉球蘸食醋擦拭。

用湿棉球蘸少许食盐，可擦拭咖啡壶上的污迹。

将碎鸡蛋壳少许放入咖啡壶中，再加小半壶水，反复摇动，即可将壶内污迹洗净。

咖啡壶内壁的棕色痕迹，只要放入几块碎冰块和少许食盐反复摇晃便能除净。

除茶杯上污垢法 将榨过汁的柠檬皮放进茶杯里，再加一些温水，过几个小时，换一次热水洗一下，污垢就除掉了。

用牙膏在茶杯内外抹一遍，再用丝瓜络或海绵擦拭即可。

茶杯上的黄色茶迹，可用软布蘸少许盐或石碱粉进行摩擦，然后再用肥皂水洗。

用熟石灰调成糊在茶杯内外有茶垢的地方抹擦，再用清水洗净即能除去茶垢。

将土豆皮放在茶杯中，然后冲入开水，盖上杯盖，焖几分钟，就可将茶垢轻松地除掉。

用香烟盒里的铝箔纸来回擦拭，然后用清水冲洗就能除尽。

用香烟灰擦洗，能立即除净茶具上的积垢。

将茶杯浸湿，再用几片南瓜叶或黄瓜叶在有污垢的用品上轻轻擦拭，即可迅速除去上面的各种污垢，再用水冲净。

茶杯锈迹斑斑，可将 84 消毒液与水配制成 1∶200 的稀释液浸泡片刻，锈迹脱落，茶具就能光洁如初。

玻璃茶杯口上的沟纹，通常不易洗干净，可用旧的硬毛牙刷蘸点清洁剂在杯口处洗刷，污垢很快就会被刷掉。

用醋与少许食盐的混合液洗刷茶具，即可清除陈年积垢而干净异常。

取几粒山楂掰开后放入茶杯中，冲入热水稍焖片刻，茶垢即可脱离杯体，再轻轻地一擦即可。因为茶垢是碱性的，而山楂里的山楂酸能将其中和。

除瓶中异味法

盛过煤油的瓶子，可将少量白酒倒入瓶里，盖上瓶塞，轻轻摇动3～5分钟后将酒倒出，用清水冲洗，再用热水冲洗，煤油气味便会消失。

油瓶使用的时间长了，会结一层黄黑的油腻，还有股怪味。在瓶内装些食盐和碎蛋壳，再加些碱水，堵住瓶口用力摇动瓶子，油腻就可以洗掉。

将芥末加水稀释后倒入瓶中，刷洗干净即可除去瓶中的怪味。若把这些溶液放在瓶中浸泡一夜再刷洗，效果更好。

清洁油桶法

油桶里积有一层油垢，可把一些苏打粉放入油桶内，再将热开水倒入油桶，盖好盖，反复摇晃几次，把脏水倒出。这样反复2～3次，油桶内的油垢可以彻底刷洗干净。如表面上有油垢，可用一块湿布蘸苏打粉在油桶的表面擦几遍，就可以除去油垢，使表面干净明亮。

可将墨鱼骨捣碎，加热水后放入油桶中，静置1小时，反复摇晃，就能洗净油污。

热石灰加温水放入油桶中，不断摇晃。将清水倒出，用剩余石灰液洗刷后即可去掉油腻残余物。

将淘米水注入空油桶内约一半处，用手揿住瓶口，用力晃动即可去掉桶内的油污。

清洗玻璃瓶法

清洁细颈玻璃瓶时，可灌满热水再加1汤匙发酵粉和碾碎的蛋壳，放置12个小时左右，偶尔搅拌一下，然后用热水加少许氨水清洗。

细颈瓶里的污垢，可放入碎鸡蛋壳和1/3瓶的洗衣粉水溶液，上下摇晃数十下，倒掉后再倒入漂白水放置一夜，第二天就干净了。

在油垢不净的小颈玻璃瓶中放一些碎蛋壳，加满水，放置1～2天，其间可摇晃几次，油垢即自行脱落。如果油垢不严重的话，在瓶内放些碎蛋壳，加半瓶水，用手揿住瓶口，摇晃几次，即可使瓶子干净。

油腻的玻璃瓶，洗时可放入一些熟石灰，灌入一些温开水，以竹筷搅动。待水溶液出现浑浊并有悬浮物泛起时倒出，再用清水冲刷，玻璃瓶就很干净了。

清洁油腻的瓶子，还可用精细的草木灰塞满瓶子，再把瓶子放入一个冷水锅中，把水渐渐地加热至沸，煮30分钟。待冷却后，用清水洗去瓶中的草木灰，再用热肥皂水洗，最后用清水过净。

洗细口油瓶时，因为手不能伸进去，可装进一些黄沙和水，并左右上下猛摇，油污就会被沙子擦下来。

除去细颈瓶中的酒迹，可在瓶内加入5厘米深的白醋和1茶匙的去污粉，再用热水灌满瓶子，浸泡过夜。然后用力摇晃，反复摆动，接着用热肥皂水冲洗。

将淘米水注入空油瓶内约一半处，用手揿住瓶口，用力晃动即可去掉瓶内油污。

取锯木屑加少量的碱，加温水放入瓶中，用手按住瓶口上下摇晃三四分钟，倒出污水，再用清水冲净。

清洗小口玻璃瓶时，可在瓶中放入少许米粒，用手压住瓶口，摇晃数十下后再用清水洗净。

用酒精擦洗玻璃瓶，效果甚佳。

取墨鱼骨捣碎加热水放入油瓶中，静放1小时，用力摇晃后再洗刷。

凉瓶挂上水碱后，可在瓶内倒入熏醋少许，再加点洗衣粉，摇荡片刻水碱即除。

婴儿用的奶瓶脏了，可用盐水清洗。清洗婴儿用的奶瓶时，最好先用冷水冲洗，若用热水洗，会使奶迹粘在瓶子上，反而不易洗净。

要除去瓶子中的怪味，可将芥末面加水稀释后倒入瓶中，刷洗干净即可。若把这些溶液放在瓶中浸泡一夜再刷洗，效果更佳。

清洁玻璃器皿法

清洗水晶玻璃器皿时，在常使用的洗餐具的洗涤剂中加点食盐和醋。

较贵重的玻璃器具，可用废牙刷蘸些洗衣粉擦，用清水洗净擦干。

在要清洗的玻璃器皿中泡上一些水和土豆片或生土豆末，手持玻璃器皿不停地摇晃，即可把玻璃器皿洗得很干净。

玻璃器皿脏污了，如果用茶叶渣擦洗，不但去污效果好，而且省时省力。细颈玻璃瓶内的污垢难以清洗，可放些残茶叶在瓶内，再加些碱水摇动，污垢就能清除。

水晶玻璃器皿不能用热水洗，以免发乌。要用米汤洗涮，然后用毛料布擦拭干净。

玻璃器皿用久后会产生污迹，可用适量的苏打放一点水用布洗擦干净。

清洁酒壶法

将蛋壳轧碎放入酒壶中，加入少许水和洗洁剂，连续不停地摇晃，即可将附着于壶底的污垢除去。

用漂白剂泡一个晚上，最后用纸从壶嘴插入，如此灰尘就不会进入壶内，下次使用时，只要用水稍微冲洗一下即可。

清洗菜刀法

生了锈的菜刀，可浸入淘米水中，连浸15天，中间换一次淘米水，菜刀上的锈迹就能被清除。菜刀在浸泡过程中，可以取出来短时使用。

菜刀生了锈，可用萝卜片、土豆片或洋葱片等蘸少许细沙末或精盐擦洗，锈即去掉。

用木塞蘸肥皂水擦拭生锈的刀面，也可除去锈斑。

除菜刀上异味法

菜刀上有腥味时，可以用醋或柠檬皮在刀上擦拭，腥味就可去掉。

切过葱蒜的刀有较重的气味，只要用食盐擦拭刀面，再在火上烘烤一下，葱蒜味就消除了。

切过鱼和肉的刀，容易沾上一股腥味，再用刀切其他蔬菜时，蔬菜也会带有腥味，可将生姜片在刀的两面擦一擦，片刻腥味就能清除。

菜刀上有了腥味，可将少许茶叶和萝卜放在锅里加水煮开，将刀浸泡片刻，腥味就能除掉。

清洗木质切菜板法

木质的切菜板容易渗入水分及食物渣，成为细菌的温床。可先用去污剂或柠檬渣顺着木纹洗，洗净后再用开水浇以杀菌和消毒，最后晒干。

木制的切菜板极易藏污纳垢，往往使用没多久就会发黑。只要用柠檬皮擦拭切菜板再进行冲洗，即能轻松除垢。

像切菜板或抹布之类用漂白剂消毒洗净后，可以用醋水再清洗一遍，可消除残留的漂白剂的异味，用起来较安心。

清洗塑料切菜板法

塑料切菜板不吸收水分，不潮湿，使用方便。但菜刀留下的裂痕容易藏污纳垢，用去污粉不易洗掉。用海绵蘸上漂白剂，挤压着洗刷干净后再用水冲一下即可。

塑料切菜板染上菜色，清水难以清除，如用牙刷蘸牙膏在切菜板上刷几次，就会消除菜色。

除切菜板上异味法

切菜板用久了会有一种怪味，如用生姜抹一遍，再用热水洗净，异味即除。

切菜板用过后，若还留有鱼或肉等异味，可用溶有食盐的淘米水洗擦，然后再用热水洗净，竖起晾干，切菜板上的腥臭味就可以消除了。

切菜板在切鱼或切其他特殊食品时会遗留下各种异味，这时可用洋葱反复搓擦，再用温水冲洗干净，即可除去异味。

清洗菜篮子法

清洗菜篮子时，只要在水中加入少量的漂白剂，将菜篮子浸泡其中，次日再用清水冲洗，便能清洗干净。

清洁绞肉机法

绞肉机绞完肉后可放入一些面包或馒头再绞一下，即可带出滞留在内的油脂或肉末，然后便很容易清洗干净。

清除灶具上污垢法

煤气灶具用完后，如果趁热用干布擦拭效果最好。煮东西时，油垢因热气关系都浮于外表，连油炸时所溅的油，只要趁热就可拭除，而且能使其发出光泽。

煤气灶具上过久的油迹，要用油污清洁液喷洒在煤气灶的面上，然后用报纸或湿布擦干净。

煤气灶具上的油污，可在污处涂一层面汤，干燥结痂后擦一下就干净了。

在加热后的灶台上撒些盐，再用报纸揩擦，极易去除油迹。用丝瓜络擦洗灶台，除污力强且柔软，不会损坏器具。

沾染在炉架上的少量污垢，可先用棕刷蘸水刷洗，洗好擦干水分后再抹上一层薄薄的色拉油就可防止生锈。

晚上把草木灰用水搅拌成糊状，均匀地抹在水泥锅灶上，第二天早晨用水冲洗干净，锅灶便可焕然一新。

煤气灶使用时间一长，火苗燃烧时会发红或变色、炉具底部经常发黑等现象，这是因为油污和灰尘掉入炉具燃烧器的小孔内的缘故。可把燃烧器拆下，用旧牙刷在燃烧器小孔周围刷一遍，再用细铁丝逐个将小孔捅一捅，在桌上轻叩几下，去掉污物，如有自行车打气筒，对准小孔逐个吹一下效果更佳。清洗后的燃烧器，如果火焰仍发红，是喷嘴上粘上了脏物，可取下燃烧器，露出喷嘴，用一根硬性塑料丝或毛棕捅几下，切不可用铜或铁等金属丝，以免将喷嘴毛细孔弄毛，影响喷嘴使用效果，然后装上燃烧器，火苗呈蓝色即表明炉具使用正常。

用醋定期清洗煤气炉的喷火头，可防止它被油腻玷污。如果没有这样做，喷火头已沾油腻，可以将其放在醋精里泡一会儿，就能洗干净了。

料理台积满污垢时，可用切开的白萝卜加上清洁剂擦洗，将会有意想不到的清洁效果，而且不会刮伤料理台。也可使用其他蔬菜试试。但就用力难易程度而言，白萝卜(尤其是尾端部分)是最方便的，甚至连容易聚积污垢的排水口周围，也可以擦洗得很干净。

将喝剩的啤酒用来擦拭玻璃及不锈钢灶面台板，可擦得干干净净。

煤气灶用久了会浮积一层厚厚的油腻，只要用墨鱼骨在上面摩擦，即可将油腻除去。

厨房灶台上的顽固污迹，用棉球蘸些酒精即可擦拭干净。

清洁煤气管道法

煤气管道上的油污，既厚又很难清除。将纸巾用浴厨万能清洁剂喷湿后，覆盖在管道上。过段时间擦洗，或用刷子刷洗。彻底清除掉锈斑和油污以后，用废挂历裁成5厘米宽的纸条粘接起来缠满管道，既美观大方，更换清洁也很方便。

清洁保温瓶外壳法

保温瓶的外壳如有积污，只要用乌贼骨或家禽的羽毛轻擦几下，便可使其光洁如新。

除保温瓶中水垢法

将50毫升左右的食醋加热后装入保温瓶中，盖好盖放置1～2天，只要摇晃数次，将水垢倒掉，用清水洗干净即可。

将50克小苏打放入一杯水内，待溶解后倒入瓶内轻轻摇晃，可除掉水垢。

保温瓶用久了，瓶胆里壁会沉积一层水垢，欲将其除去，可在保温瓶里放入一些苏打和破碎的蛋壳，再灌进一些盐水，然后轻轻地不断摇晃，不用多久，水垢就会慢慢地从瓶胆壁上脱落下来。

用煮面条的水倒入保温瓶内，摇晃几分钟后倒掉，再用清水冲洗即可干净。

取一些向日葵叶或南瓜叶切成3～4厘米见方大小的碎片放入保温瓶内，再加入少许凉水，轻轻地将保温瓶摇晃几下，倒出后再用清水洗净。

将饮用剩下适量的白酒加热倒入保温瓶里，浸泡几个小时后倒出来，水垢就会剥落了，最后用清水将保温瓶冲洗干净。

清洁电保温瓶法

电保温瓶要定期清洗内胆，以免水中污垢积聚内胆及发热元件而影响发热效率。清洗内胆时先拧下瓶体下部排污口盖子排除内胆积水，将柠檬汁或者白醋和水注入瓶内，直至最高水位线为止。通电待沸腾保温约1小时，然后按下出水键输出全部水。再注入冷水，反复数次，直至柠檬气味消失为止。清洁瓶体时，先拔下电源插头，用干净的湿布擦拭水瓶，不要将水瓶浸入水中或用水冲洗。

清洗饮水机法

饮水机长期使用，矿泉水或净化水会形成水垢，有水垢会使饮水机加热时效率下降并发出噪声。清洗水垢，用食品柠檬酸，一般按2%～6%浓度配制清洗液，像常规饮用水一样，将配制好的消毒液桶扣在饮水机上放置4小时以后打开放水阀门，放出水垢粉尘液，再用清水冲洗干净，拧紧放水阀帽。

除冷水瓶水垢法

用久的冷水瓶，里面会产生一层水垢，去除这层水垢，可用稀盐酸（水中加少许盐酸）浸泡一夜，水垢自然溶解消除，将稀盐酸倒掉，再用清水冲洗几遍，水瓶就和新的一样。

清洁热水器法

热水器中淤积了烟灰或尘埃，火力会减弱，十分不经济。可将热水器的外壳卸下，把火嘴取出，用专用刷子将淤积的灰垢扫除干净，火孔畅通后再用清水洗。里面也要不断地用水冲，直到干净为止。

清洁开罐器法

开罐器如生了锈，可用牙膏擦拭，抹布无法擦到的部位，用废旧的牙刷来刷，锈迹很容易擦除掉。

清洁餐桌法

桌上沾有油污时，可将喝剩下的白酒滴在桌面上，用干净的抹布来回擦几遍，油污就能被除尽。

清洁台布法

台布上如不慎洒上了酱油或果汁，可立刻在污迹上撒少许食盐，过一会儿再洗，污迹容易消除。

台布沾上了醋迹时，可用稀释的双氧水洗，然后用清水漂洗。

存放台布法

布做的台布如果用熨斗烫平，再折好收藏起来，等下次要用的时候，必定看得出折印，铺起来很不好看。所以在收藏台布时，要用挂长裤的衣架吊起来，若怕沾上灰尘，可再加个套子罩住，便能保持干净而没有折叠的痕迹。

清除水龙头上污垢法

水龙头用久后会被氧化而失去光泽，甚至变黑，影响美观。可用干布蘸面粉擦，再用湿布擦，最后再用干布擦，既可擦得光亮，又不损伤金属表面。

水龙头四周的污点，刷子刷不到的细微处，可用柠檬片擦净。

用收集的香烟灰擦抹水龙头，效果甚好。也可用布蘸煤油擦拭。

取一个鲜橙皮，用橙皮带颜色的一面搓，水龙头上的顽迹就都除掉了。

用石蜡擦拭水龙头，即可使其光洁如新。

清洁水池法

厨房里的水池有了污垢，可抓两把盐平均地撒散，过一会儿后，用热水冲净。

如果水池中有许多清洁剂的泡沫堆积在排水口时，只要在水池的排水口处撒一把盐，泡沫马上就会消失。

水池四周不易洗刷的角落,可用废旧的牙刷刷洗干净。

水池上的油污,可用抹布蘸氨水湿擦。

将百洁布放入喝剩的啤酒中用来擦拭水池,能快速去除污垢。

将废旧的长筒袜剪成宽1厘米左右的圈,然后把它们像橡皮筋一样一根一根地扣结起来成一条长绳。再像编织毛线那样,用8号毛衣针将其编成10厘米大小的片,大约需要两双长筒袜的材料。用这种特别的抹布来清理洗脸池上的污垢等,比使用海绵或刷子更容易且更有效。

用过的保鲜膜不要丢弃,可以用它来擦拭不锈钢水池,既不会对其造成划痕,又可将其擦得干干净净。

金属水池的锈迹,可用萝卜、土豆皮搓擦,既不伤金属表面,又可快速去掉锈斑。

除水池上黄斑法

因为水龙头关不紧,滴滴答答地在洗面盆上留下黄色的斑痕,只要用柠檬皮擦拭即可。水龙头四周的污点,刷子刷不到的细微处,也可用小片的柠檬皮擦净。

厨房的瓷水池,使用日久,常会产生黄色污迹。可在碗中放入食醋,再加适量食盐,隔水加热。然后涂抹在有污迹的地方,并保持30～50分钟,再用抹布稍擦一下。

除水池上铁锈迹法

瓷质的水池、洗面盆或浴缸使用久了会留下褐色的铁锈迹,如将盐放入同等质量的食醋中,稍加热搅拌,然后用布蘸盐醋混合剂,在锈斑处捂20～30分钟,再用粗糙的布蘸盐醋混合剂用力擦拭即可去除。

清洁下水道法

厨房中洗涤池的排水管因日久而发臭,可将腌渍食品用剩下的浓盐水倒入排水管内,即能保持清洁而除去臭味。

用半杯盐和半杯苏打粉倒入下水管道里,再用很多热水冲洗,可消除下水管道因油腻或污垢而堵塞的现象。

平时在用开水烫蔬菜后,可把剩下的热水一下子冲向排水口中,如此经常地冲烫很容易把排水口的油污冲掉。

与其把咖啡渣倒入垃圾箱,还不如倒进水池内用水将其冲走。因为它可以除去排水管道中的臭气和油腻。

清洁水箱水管法

水箱外面常会出现小水滴，如果不马上处理的话，很容易造成地板的损伤和发霉，一旦发现黑垢附着，可以用细砂纸磨除。

水管或把手容易变脏和生锈，平时应以干布经常擦拭。发现有生锈的情形，可以使用钢丝球擦除，然后在其上面涂上一层蜡以避免再度生锈。

家庭中常常会发生管道由于油腻或污垢而堵塞的现象，可以用半杯白醋和一杯苏打粉倒入水管里，密封1分钟，这两种物质发生化学反应会产生大量二氧化碳气体，形成一定的压力，可以除掉水管中的阻塞物，然后再用热水冲洗水管。

清洁厨房抹布法

在打扫厨房卫生时，一次又一次地洗抹布很麻烦，其实只要稍做加工就可制成一种多次使用的抹布。可以把旧毛巾剪成规格一致和大小适当的几块布，然后叠放在一起。布的中央用缝纫机缝合一下，做成像学生练习本一样的擦布，这样就可以一页一页地使用，等到最后再洗干净。

将1～2条抹布放入铝锅中，加水至刚好淹没抹布，再放3～5个捏碎的鸡蛋壳，用中火煮约5分钟，取出抹布用清水冲洗，即可除去抹布上的污迹。

抹布上沾有鱼腥味，可将抹布放入5杯水加5匙醋的溶液中清洗就能除去。

清洁钢丝球法

钢丝球洗刷油垢很严重的器皿后会变得很脏，可将钢丝球置火上烧一下，让它自然冷却后抖落灰烬，钢丝球则清洁如新。

洗涤面粉袋法

面粉袋直接放到冷水中搓洗，面粉粒就会粘在口袋上而难以洗净。应将面粉袋放在笼屉里干蒸或放进锅里用水煮10分钟，待沾在面粉袋上的面粉熟了再取出放入凉水中，抹些肥皂搓洗，很快就洗干净了。

清理烟囱法

在拆取暖炉的烟囱之前，将几个樟脑丸扔进火炉中，将火盖严。随着樟脑丸遇热，烟囱里的烟油和烟灰也都被清理下来，冲洗时非常省事。

主要参考文献

[1] 周范林. 家庭除污保洁实用指南[M]. 合肥：安徽科学技术出版社，1992
[2] 周范林. 智慧生活 2000 例[M]. 沈阳：辽宁科学技术出版社，2010
[3] 谢光琼. 家庭生活百宝箱[M]. 成都：四川辞书出版社，2002
[4] 方卉. 生活技巧全书[M]. 南京：江苏科学技术出版社，2001
[5] 章恒. 快乐生活一点通[M]. 哈尔滨：哈尔滨出版社，2007
[6] 李炳坤. 家庭生活万宝全书[M]. 上海：上海科学技术文献出版社，1993
[7] 李金琳. 就教您这一招——灵[M]. 上海：上海科学技术文献出版社，2006
[8] 周范林. 妙用大全[M]. 南京：东南大学出版社，2013
[9] 夏冰. 家用妙招 365[M]. 北京：电子工业出版社，2012